kolleg—texte

Mathematik

W. Kohlmann u.a.
Lineare Algebra und Analytische Geometrie
Best.-Nr. 826

R. Engelhard u.a.
Lineare Abbildungen, affine Abbildungen, Kegelschnitte
Best.-Nr. 827

G. Harbeck
Einführung in die formale Logik
Best.-Nr. 810

H. Bock / S. Gottwald / R.-P. Mühlig
Zum Sprachgebrauch in der Mathematik
(Lernprogramm)
Best.-Nr. 823

Informatik

J. E. Whitesitt / B. Stumpf
Einführung in die Boolesche Algebra
Best.-Nr. 820

G. Lamprecht / S. Lührs / W. Müller
Programmieren mit FORTRAN IV — Einführung mit Übungen
Best.-Nr. 821

Physik

W. Neusüß
Elektronische Schaltungen
Best.-Nr. 824

H. Pientka
Leitungsvorgänge in Metallen und Halbleitern
Lehrbuch: Best.-Nr. 825
Arbeitsbuch: Best.-Nr. 828

H. Dahncke
Kinetische Gastheorie
(Lernprogramm)
Best.-Nr. 1580

P. Berger
Philosophische Grundgedanken zur Struktur der Physik
Best.-Nr. 520

Gemeinschaftskunde

W. Dege
Großraum Ruhr
Wirtschaft, Kultur und Politik im Ruhrgebiet
Best.-Nr. 822

Walter Neusüß

Elektronische Schaltungen

Mit 175 Bildern

Best.-Nr. 824

Springer Fachmedien Wiesbaden GmbH

Der kolleg-text Elektronische Schaltungen ist herausgegeben von *Gerd Harbeck*

Der Autor Walter Neusüß ist Oberstudienrat an der Hebbelschule in Kiel

Verlagsredaktion: *Albrecht A. Weis*

1975

Alle Rechte vorbehalten
© Springer Fachmedien Wiesbaden 1975
Ursprünglich erschienen bei Friedr. Wieweg & Sohn Verlagsgesellschaft mbH, Braunschweig, 1975

Die Vervielfältigung und Übertragung einzelner Textabschnitte, Zeichnungen oder Bilder, auch für Zwecke der Unterrichtsgestaltung, gestattet das Urheberrecht nur, wenn sie mit dem Verlag vorher vereinbart wurden. Im Einzelfall muß über die Zahlung einer Gebühr für die Nutzung fremden geistigen Eigentums entschieden werden. Das gilt für die Vervielfältigung durch alle Verfahren einschließlich Speicherung und jede Übertragung auf Papier, Transparente, Filme, Bänder, Platten und andere Medien. Dieser Vermerk umfaßt nicht die in den §§ 53 und 54 URG ausdrücklich erwähnten Ausnahmen.

Satz: Vieweg, Braunschweig

ISBN 978-3-528-00824-6 ISBN 978-3-663-14143-3 (eBook)
DOI 10.1007/978-3-663-14143-3

Vorwort

Es ist bekannt, daß die Elektronik einen wesentlichen Beitrag zur Gestaltung der heutigen Umwelt geleistet hat. Viele Forschungsinstitute und Industriezweige beschäftigen sich ausschließlich mit elektronischen Problemen. Fast jedes elektrische Gerät, das von uns benutzt wird, enthält einen „Hauch" von Elektronik.

Die Einführung der Kollegstufe/Studienstufe hat nun die Möglichkeit ergeben, auch im Unterricht Teilgebiete der Physik und Technik zu behandeln, die früher in diesem Umfang nicht verbindlich für alle Schüler vorgesehen werden konnten. Ein solches Thema ist auch die Elektronik, das in vielen Länderlehrplänen angeboten wird und bei den Schülern meistens auf reges Interesse stößt.

Ein Lehrer, der einen Kurs über Elektronik abhalten möchte, ist vor die schwierige Aufgabe gestellt, den Kurs inhaltlich so zu gestalten, daß einerseits die physikalischen Grundlagen hinreichend erarbeitet werden und daß andererseits nicht nur die Funktionsweise der Bauteile erläutert wird, sondern auch Schaltungen besprochen und untersucht werden. Erst durch das Verständnis elektronischer Schaltungen und deren Anwendungsmöglichkeiten wird dem Schüler die Bedeutung der Elektronik bewußt.

Das vorliegende Buch zeigt eine Möglichkeit auf, die Behandlung elektronischer Schaltungen mit einem geringen mathematischen Aufwand durchzuführen. Dies wird möglich, weil nicht die analoge Arbeitsweise im Vordergrund steht, sondern überwiegend digital arbeitende Schaltungen untersucht werden. Dabei kommt die Überzeugung zum Ausdruck, daß gerade die Digitalelektronik typisch ist für eine moderne Arbeitsweise mit Bausteinen. Außerdem gelangt man so mit wenigen Vorkenntnissen zur Erklärung von relativ komplizierten Geräten.

Es ist nicht beabsichtigt, eine auch nur annähernd vollständige Behandlung der Elektronik darzustellen. Vielmehr soll ein Anstoß für die weitere Arbeit auf dem Gebiet der Elektronik gegeben werden.

Walter Neusüß

Gettorf, im Oktober 1974

Inhaltsverzeichnis

0. Der Widerstand und der Kondensator — 1

0.1. Der Widerstand in der Spannungsteilerschaltung — 1
0.2. Der Kondensator als zeitabhängiger Widerstand — 4

1. Leitungsvorgänge in Stoffen — 8

1.1. Elektrischer Strom entsteht durch Bewegung geladener Teilchen — 8
1.2. Leitungsvorgang in Metallen – das Elektron — 11
1.3. Nachweismöglichkeiten bewegter Ladungsträger — 14
1.4. Leitungsvorgang in Halbleitern — 18
1.5. Abhängigkeit der Leitfähigkeit bei Halbleitern von Wärme- und Lichtenergie — 21
1.6. Erhöhung der Leitfähigkeit von Halbleitern durch Dotieren — 26

2. Elektronische Bauelemente — 28

2.1. Die Wirkungsweise der Halbleiterdiode — 28
2.2. Anwendungsbeispiele für die Halbleiterdiode — 32
2.3. Einfache Versuche mit einem Transistor — 36
2.4. Erklärung der Wirkungsweise eines Transistors — 39
2.5. Der Transistor als Schalter — 42

3. Zuordner-Schaltungen — 45

3.1. Analoge und digitale Messung — 45
3.2. Die Umkehrstufe und die Regenerationsstufe — 48
3.3. Die NAND- und die UND-Schaltung — 51
3.4. Die NOR- und die ODER-Schaltung — 55
3.5. Die Addition von Dualzahlen — 58

4. Impulse und Impulsumformungen — 62

4.1. Verschiedene Impulsformen und deren Beschreibung — 62
4.2. Erzeugung von Rechteckimpulsen durch Impulsformung — 64
4.3. Die RC-Schaltung — 67

5. Kippschaltungen — 71

5.1. Die bistabile Kippstufe — 71
5.2. Dekodierung von Dualzahlen — 74
5.3. Eine elektronische Verriegelungsschaltung — 77
5.4. Ein Flipflop mit Zwischenspeicher — 79
5.5. Frequenzteilerschaltungen — 82
5.6. Ein elektronisches Zählgerät — 86
5.7. Die astabile Kippstufe — 89
5.8. Die monostabile Kippstufe — 92
5.9. Aufbau eines digital arbeitenden Frequenzmessers — 95

6. Der Transistor als Verstärker — 98

6.1. Die Stromsteuerkennlinie eines Transistors — 98
6.2. Beschreibung eines Transistors durch seine Kennlinien — 100
6.3. Entwicklung eines Transistorverstärkers — 103

Sachwortverzeichnis — 107

0. Der Widerstand und der Kondensator

0.1. Der Widerstand in der Spannungsteilerschaltung

Für die meisten elektronischen Geräte werden elektrische Energiequellen benutzt, die eine konstante Spannung, z. B. $U_0 = 10\,\text{V}$ liefern. Sollen nun in einem elektronischen Gerät verschiedene Energieverbraucher angeschlossen werden, so ergibt sich ein Problem, wenn die Energieverbraucher eine unterschiedliche Spannung zum Betrieb benötigen. Eine Glühlampe soll z. B. an eine Spannung $U_{GL} = 3\,\text{V}$ und ein Elektromotor an eine Spannung $U_M = 5\,\text{V}$ angeschlossen werden.

Eine Schaltung, die von einer vorgegebenen Spannung U_0 eine Teilspannung U_1 erzeugt, wird **Spannungsteilerschaltung** oder kurz **Spannungsteiler** genannt. Ein Spannungsteiler besteht im einfachsten Fall aus zwei Widerständen, also elektrischen Bauelementen, für die das Ohmsche Gesetz $U \sim I$ gilt. Man nennt sie daher auch „ohmsche" Widerstände.

▲ *Versuch 0.1:* Zwei Widerstände mit den Werten R_1 und R_2 werden in Reihe geschaltet und mit einer Energiequelle verbunden (Bild 0-1). Die Spannung U_0 der Energiequelle und die Spannung U_1 über dem Widerstand mit dem Wert R_1 werden gemessen.

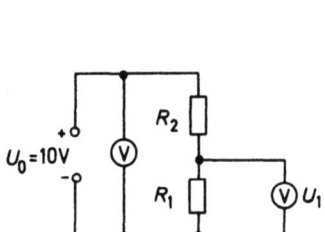

Bild 0-1. Aus zwei in Reihe geschalteten Widerständen entsteht ein Spannungsteiler.

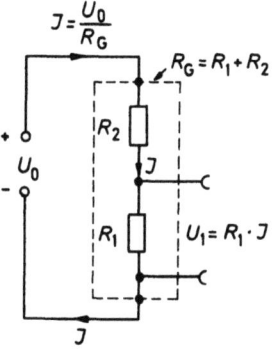

Bild 0-2. Die Teilspannung U_1 ist durch die Werte von R_1, R_2 und U_0 bestimmt.

Beobachtung: Sind beide Widerstandswerte gleich groß, z. B. $R_1 = R_2 = 100\,\Omega$, so beträgt die Spannung U_1 genau die Hälfte der Betriebsspannung U_0, z. B. für $U_0 = 10\,\text{V}$ ist $U_1 = 5\,\text{V}$.

Ergebnis: Über dem Widerstand mit dem Wert R_1 entsteht eine Spannung, die kleiner als die Betriebsspannung ist.

Die Spannung U_1 (Bild 0-2) kann folgendermaßen aus den bekannten Werten von R_1 und R_2 und der Betriebsspannung errechnet werden:

Die Stromstärke ist bei der Reihenschaltung an jeder Stelle des Stromkreises konstant, $I_1 = I_2$. Außerdem besitzen zwei in Reihe geschaltete Widerstände einen Gesamtwiderstand mit dem Wert R_G, der sich als Summe der einzelnen Widerstände mit den Werten R_1 und R_2 ergibt: $R_G = R_1 + R_2$. Die Beziehung $R = \frac{U}{I}$ läßt sich für alle Teile des Stromkreises anwenden. Die Gesamtstromstärke I_G ergibt sich aus $I = \frac{U_0}{R_1+R_2}$, für die Spannung U_1 gilt $U_1 = R_1 \cdot I$. Da die Stromstärke überall gleich groß ist, folgt $\frac{U_1}{R_1} = \frac{U_0}{R_1+R_2}$ oder $U_1 = \frac{R_1}{R_1+R_2} \cdot U_0$.

Dies Ergebnis soll am Meßergebnis von Versuch 0.1 überprüft werden: Da $R_1 = R_2$ gewählt wurde, ist $U_1 = \frac{U_0}{2}$. Das stimmt mit dem Versuchsergebnis überein. Auch bei Wahl anderer Widerstandswerte wird die gefundene Beziehung für U_1 bestätigt.

Zum Verständnis der Arbeitsweise einer elektronischen Schaltung ist die genaue Berechnung eines Spannungsteilers nicht erforderlich. Es reicht meist die Kenntnis einiger Sonderfälle aus.

1. Sonderfall: Der Widerstand mit dem Wert R_1 ist sehr viel größer als der Widerstand mit dem Wert R_2.

▲ *Versuch 0.2:* Der Versuch 0.1 wird mit den Widerstandswerten $R_1 = 100\,\mathrm{k\Omega}$ und $R_2 = 1\,\mathrm{k\Omega}$ wiederholt.

Beobachtung: Das Spannungsmeßgerät zeigt für U_1 fast die gesamte Betriebsspannung U_0 an. Dies Ergebnis kann durch die Rechnung überprüft werden. Allgemein gilt für den Fall $R_1 \gg R_2$: Der Zähler und der Nenner in dem Bruch $\frac{R_1}{R_1+R_2}$ sind fast gleich. Also gilt $U_1 \approx U_0$.

2. Sonderfall: Der Widerstand mit dem Wert R_1 ist viel kleiner als der Widerstand mit dem Wert R_2.

▲ *Versuch 0.3:* Der Versuch 0.2 wird mit den Widerstandswerten $R_1 = 10\,\Omega$ und $R_2 = 1\,\mathrm{k\Omega}$ wiederholt.

Bei dieser Wahl der Widerstände wird für U_1 eine Spannung von ungefähr 0 V beobachtet. Da in dem Bruch $\frac{R_1}{R_1+R_2}$ der Nenner sehr viel größer als der Zähler ist, ergibt sich für die Spannung U_1 nur ein sehr geringer Bruchteil der Betriebsspannung U_0 (Bild 0-3).

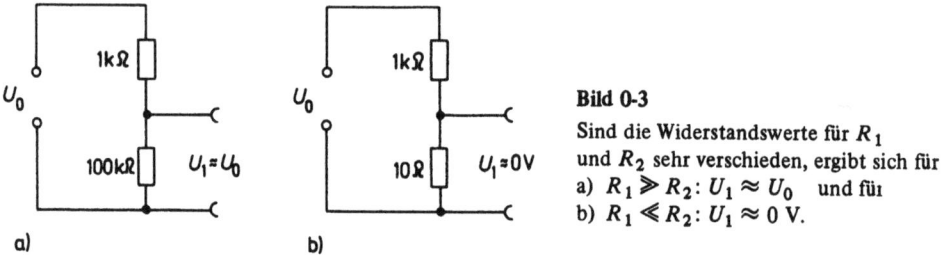

Bild 0-3
Sind die Widerstandswerte für R_1 und R_2 sehr verschieden, ergibt sich für
a) $R_1 \gg R_2: U_1 \approx U_0$ und für
b) $R_1 \ll R_2: U_1 \approx 0$ V.

In den dargestellten Sonderfällen wird der Widerstandswert R_1 mit einem $1\,\mathrm{k\Omega}$ Widerstandswert verglichen. Dieser Bezug soll bei den späteren Überlegungen beibehalten werden.

Ein „kleiner Widerstand" soll klein gegenüber $1\,k\Omega$ sein. Das gilt etwa ab $100\,\Omega$. Ein „großer Widerstand" soll groß gegenüber $1\,k\Omega$ sein, etwa ab $10\,k\Omega$.

Ein „entarteter" Spannungsteiler ist im Bild 0-4 dargestellt. Man kann sich leicht überlegen, welche Spannungen das Meßgerät anzeigen wird, wenn der Schalter geöffnet ist und wenn der Schalter geschlossen wird.

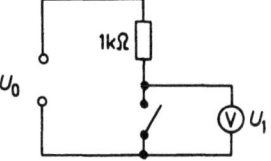

Bild 0-4
Der geschlossene Schalter wirkt wie ein sehr kleiner Widerstand. Im geöffneten Zustand erscheint er als ein sehr großer Widerstand.

Wird im Versuch 0.1 der Widerstandswert R_1 so gestaltet, daß sich sein Wert stetig ändern kann, dann läßt sich auch die Spannung U_1 stetig verändern. Für einen solchen Widerstandsregler wird das Schaltzeichen ─▭─ benutzt.

▲ *Versuch 0.4:* Es wird ein Spannungsteiler aus einem festen Widerstand mit dem Wert $R_2 = 1\,k\Omega$ und einem Widerstandsregler, der sich zwischen den Werten $0\,\Omega$ und $1\,k\Omega$ stetig verändern kann, aufgebaut (Bild 0-5a).

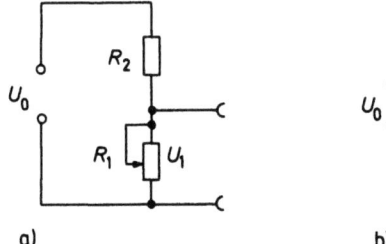 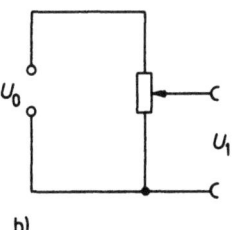

a) b)

Bild 0-5. a) Ein Spannungsteiler mit kontinuierlich einstellbarer Teilspannung; b) Auch bei der „Potentiometerschaltung" läßt sich die Spannung U_1 kontinuierlich verändern.

Beobachtung: Bei einer Betriebsspannung von $U_0 = 10\,V$ läßt sich jede Spannung zwischen $0\,V$ und $5\,V$ einstellen.

Erklärung: Hat der Regler einen Widerstandswert von $1\,k\Omega$, gilt $R_1 = R_2$, und es ist $U_1 = \frac{U_0}{2}$. Wird der Widerstandswert verkleinert, nähert man sich dem bereits dargestellten Sonderfall 2, da $R_1 \ll R_2$ ist. Daher wird die Spannung U_1 immer kleiner, bis sie schließlich gegen $0\,V$ geht (Bild 0-5).

Der Versuch 0.1 hat gezeigt, daß bei Widerständen mit gleichen Werten R_1 und R_2 die Teilspannung stets die Hälfte der Betriebsspannung ist. Für $R_1 = R_2 = 10\,\Omega$ entsteht also die gleiche Teilspannung wie für $R_1 = R_2 = 1\,k\Omega$. Für die Spannungsteilung ist die Größe der Widerstandswerte nicht von Bedeutung. Dennoch ist die Wahl der Widerstände für die spezielle Anwendung nicht beliebig. Das zeigt folgender Versuch.

▲ *Versuch 0.5:* Es werden zwei Spannungsteiler mit einer Betriebsspannung von 10 V aufgebaut.
a) $R_1 = R_2 = 10\,\Omega$, \qquad b) $R_1 = R_2 = 1\,\text{k}\Omega$.
Nacheinander wird eine Glühlampe mit einer Betriebsspannung von ungefähr 5 V an den Widerstand mit dem Wert R_1 angeschlossen.

Beobachtung: Nur in dem Fall $R_1 = R_2 = 10\,\Omega$ leuchtet die Glühlampe auf.

Erklärung: Die Glühlampe benötigt neben der Betriebsspannung von 5 V einen Betriebsstrom von ungefähr 100 mA. Wird nun der Widerstand mit dem Wert $R_2 = 1\,\text{k}\Omega$ gewählt, so kann selbst im Kurzschlußfall (Bild 0-6) höchstens ein Strom der Stärke $I = \frac{10\,\text{V}}{1\,\text{k}\Omega} = 10\,\text{mA}$ fließen. Die Glühlampe kann daher nicht aufleuchten. Für den Fall, daß $R_2 = 10\,\Omega$ ist, ergibt sich eine maximale Stromstärke von 1 A; die Glühlampe leuchtet auf.

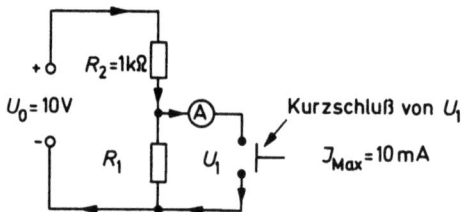

Bild 0-6
Der Widerstand mit dem Wert R_2 setzt die obere Grenze für die entnehmbare Stromstärke fest.

Ergebnis: Durch die Wahl des Widerstandes mit dem Wert R_2 wird die maximal entnehmbare Stromstärke festgelegt (Bild 0-6).

0.2. Der Kondensator als zeitabhängiger Widerstand

Elektronische Schaltungen entstehen durch das Zusammenwirken von ohmschen Widerständen und anderen Bauelementen, deren Widerstandswerte nicht konstant sind. Zu den einfachsten Bauelementen mit nicht konstantem Widerstand zählt der **Kondensator**. Für ihn wird das folgende Schaltzeichen benutzt —| |— .
Die Wirkungsweise eines Kondensators kann mit einer Spannungsteilerschaltung untersucht werden.

▲ *Versuch 0.6:* Über einen Schalter werden ein Widerstand und ein Kondensator in Reihe an eine Energiequelle mit einer Spannung von $U_0 = 10\,\text{V}$ angeschlossen. Ein Spannungsmesser zeigt die Spannung U_C am Kondensator an.

Beim Schließen des Schalters beobachtet man: Die Spannung U_C am Kondensator steigt allmählich von 0 V bis zur Betriebsspannung U_0 an. Da man auch dem Kondensator einen Widerstandswert zuordnen kann ($R_C = \frac{U_C}{I_C}$), läßt sich aus dieser Beobachtung vermuten, daß sich der Widerstandswert des Kondensators mit der Zeit verändert hat. Zuerst

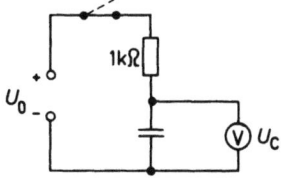

Bild 0-7
Nach dem Einschalten steigt die Spannung am Kondensator stetig an.

war der Widerstandswert klein und wurde mit der Zeit immer größer (Bild 0-7). Eine genaue Aussage erhält man jedoch erst, wenn überprüft wird, wie sich die Stromstärke in diesem Stromkreis beim Einschalten verhält.

▲ *Versuch 0.7:* Der Versuchsaufbau von 0.6 wird durch ein Stromstärkemeßgerät ergänzt.

Beobachtung: Die Stromstärke ist nach dem Einschalten zunächst groß und nimmt dann mit der Zeit ab. Schließlich zeigt der Zeiger keinen Ausschlag mehr.

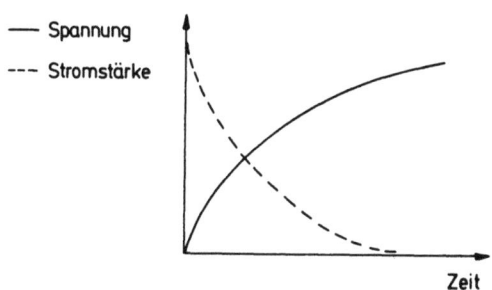

Bild 0-8
Die Stromstärke und die Spannung sind beim Kondensator von der Zeit nach dem Einschalten abhängig.

Im Bild 0-8 ist dargestellt, wie die Stromstärke von der Zeit und wie die Spannung von der Zeit abhängen. Aus den Kurven kann man zwei Grenzfälle entnehmen.
1. Beim Einschalten ist die Spannung U_C = 0 V und die Stromstärke maximal.
2. Nach einiger Zeit ist die Spannung maximal und die Stromstärke beträgt fast 0 A.

Für diese Grenzfälle kann der Widerstand leicht angegeben werden. Nach der Definition $R = \frac{U}{I}$ ergibt sich unmittelbar nach dem Einschalten ein sehr kleiner Wert für den Widerstand, da U_C sehr klein ist. Nach einiger Zeit wird die Stromstärke immer kleiner und die Spannung immer größer. D.h. der Widerstand des Kondensators ist nach dieser Zeit sehr groß. Er wächst immer weiter an.

Ergebnis: Der Kondensator ist ein Bauelement, dessen Widerstand von der Zeit abhängt. Beim Einschalten ist der Widerstand sehr klein, nach einiger Zeit ist der Widerstand sehr groß.

Im Versuch 0.6 zeigt der Spannungsmesser am Kondensator nach längerer Zeit die Betriebsspannung U_0 an. Wird nun aus dem Versuchsaufbau die Batterie entfernt, so beobachtet man, daß weiterhin die Betriebsspannung angezeigt wird. Der Kondensator besitzt wie eine Batterie eine Spannung. Man sagt: Der Kondensator ist aufgeladen. Man kann mit einer Glühlampe nachweisen, daß ein Kondensator als eine Energiequelle wirken kann.

▲ *Versuch 0.8:* Ein Kondensator wird wie im Versuch 0.6 aufgeladen. Anschließend wird er aus der Schaltung entfernt und mit einer Glühlampe verbunden (Bild 0-9).

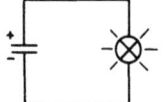

Bild 0-9
Ein geladener Kondensator wirkt für eine kurze Zeit als Energiequelle.

Man beobachtet, daß die Glühlampe kurz aufleuchtet. Ein zusätzlich eingeschalteter Strommesser zeigt an, daß nach einiger Zeit kein Ausschlag mehr vorhanden ist. Der Kondensator ist wieder entladen.

Die einfachste Bauform eines Kondensators besteht aus zwei Metallplatten, die sich in geringem Abstand gegenüberstehen. In elektronischen Schaltungen werden häufig Wickelkondensatoren benutzt. Darin sind zwei Metallstreifen, die durch einen nichtleitenden Streifen voneinander isoliert sind, aufgerollt worden.

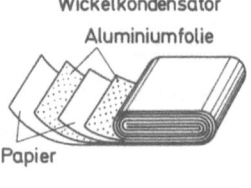

Bild 0-10
Kondensatoren unterschiedlicher Bauart:
a) Plattenkondensator (Foto Phywe),
b) Wickelkondensator.

Der folgende Versuch zeigt, daß sich die verschiedenen Kondensatortypen (Bild 0-10) auch in ihrem elektrischen Verhalten unterscheiden können.

▲ *Versuch 0.9:* In den Versuch 0.6 werden nacheinander verschiedene Kondensatoren eingeschaltet. Es wird jeweils der Anstieg der Spannung U_C beobachtet.

Bei verschiedenen Kondensatoren beobachtet man einen unterschiedlich schnellen Anstieg der Spannung (Bild 0-11). Während z.B. bei dem einen Kondensator bereits nach etwa 1 Sekunde die Betriebsspannung angezeigt wird, beobachtet man bei einem anderen Kondensator erst nach etwa 5 Sekunden die Hälfte der Betriebsspannung. Dieses unterschiedliche elektrische Verhalten wird durch die **Kapazität** (C) des Kondensators beschrieben.

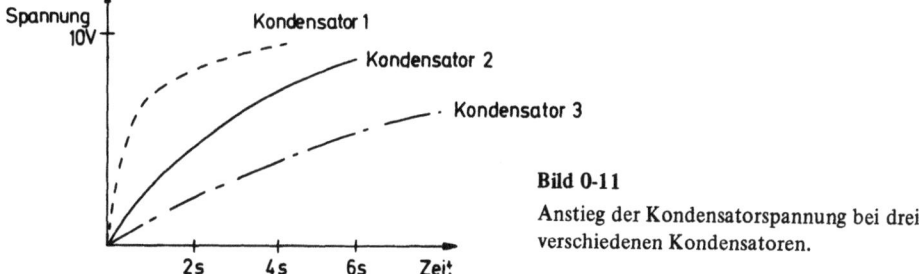

Bild 0-11
Anstieg der Kondensatorspannung bei drei verschiedenen Kondensatoren.

Kondensatoren mit gleicher Kapazität zeigen den gleichen Spannungsanstieg, wenn die anderen Größen, wie Betriebsspannung und Widerstandswert des ohmschen Widerstandes, unverändert bleiben. Bei Kondensatoren mit großer Kapazität erfolgt der Anstieg sehr langsam, ist die Kapazität klein, kann man einen schnellen Anstieg beobachten. Die Kapazität C wird in der Einheit „Farad" (F) angegeben. Bei gebräuchlichen Kondensatoren liegt die Kapazität oft in der Größenordnung von $C = 10^{-6}$ F, wobei dann die Abkürzung „μF" benutzt wird: $1 \mu F = 10^{-6}$ F. Für 10^{-9} F schreibt man nF (sprich Nanofarad) und für 10^{-12} F pF (sprich Pikofarad).

Die Versuche haben gezeigt: Ein Kondensator besitzt unabhängig von seiner Kapazität nach genügend langer Zeit einen sehr großen Widerstand. Man kann sagen: Ein Kondensator verhält sich, wenn er an eine Batterie angeschlossen ist, nach längerer Zeit wie ein Nichtleiter. Was geschieht nun, wenn man statt der Batterie eine Wechselspannung z. B. aus einem Transformator benutzt?

▲ *Versuch 0.10:* Ein Kondensator wird in Reihe mit einer Glühlampe an einen Transformator angeschlossen.

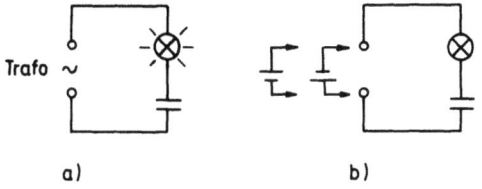

Bild 0-12
a) Für Wechselstrom ist der Kondensator leitend.
b) Jedes Mal, wenn die Batterie umgepolt wird, leuchtet die Lampe auf.

Das ständige Leuchten der Glühlampe zeigt, daß der Kondensator bei Verwendung einer Wechselspannung leitend ist (Bild 0-12). Diese Erscheinung kann durch einen Zusatzversuch erläutert werden.

▲ *Versuch 0.11:* Ein Kondensator wird über eine Glühlampe an eine Batterie angeschlossen. Anschließend wird die Batterie umgepolt.

Beobachtung: Jedes Mal, wenn die Batterie umgepolt wird, leuchtet die Glühlampe auf.

Diese Erscheinung ist aufgrund der durchgeführten Versuche verständlich: Wird die Batterie angeschlossen, fließt für kurze Zeit ein Strom (Versuch 0.7). Beim Umpolen der Batterie entlädt sich der Kondensator zunächst, so daß die Glühlampe wieder aufleuchtet (Versuch 0.8). Anschließend setzt ein erneuter Aufladevorgang ein, wobei lediglich die Pole der Batterie vertauscht sind. Es fließt wieder ein Strom. Dieser Vorgang wiederholt sich bei jedem Umpolen.

Diese Deutung läßt auch eine Erklärung von Versuch 0.10 zu: Da bei einer Wechselspannung die Polung periodisch mit der Zeit vertauscht wird, wird der Kondensator periodisch auf- und entladen. Der Auf- und Entladestrom bewirkt das ständige Leuchten der Glühlampe.

1. Leitungsvorgänge in Stoffen

1.1. Elektrischer Strom entsteht durch Bewegung geladener Teilchen

Ob in einem elektrischen Stromkreis ein Strom fließt, ist für den Beobachter an den Wirkungen des Stromes erkennbar. Durch die Wärmewirkung leuchtet die Wendel einer Glühlampe auf, aufgrund der magnetischen Wirkung entsteht bei einem Drehspulinstrument ein Zeigerausschlag, und auf der chemischen Wirkung des elektrischen Stroms beruht die Entstehung von Knallgas bei der Elektrolyse von Wasser.

Es soll nun untersucht werden, was im Innern eines Leiters geschieht, der von einem elektrischen Strom durchflossen wird.

▲ *Versuch 1.1:* Ein Plattenkondensator, dessen Platten einen Abstand von 8 cm haben, wird über eine Glimmlampe an eine Hochspannungsquelle angeschlossen. Eine Metallkugel wird zwischen den Platten hin- und herbewegt.

Beobachtung: Bei jedem Anschlag der Kugel an einer Metallplatte leuchtet die Glimmlampe kurz auf (Bild 1-1).

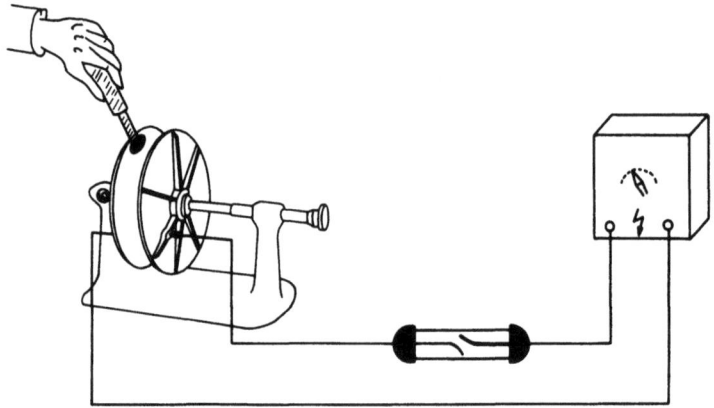

Bild 1-1. Berührt die Kugel eine Metallplatte, wird ein kurzes Aufleuchten der Glimmlampe beobachtet.

Was geschieht, wenn die Kugel die Metallplatte berührt? Es sei angenommen, die Kugel ist positiv geladen und wird an die negativ geladene Platte herangeführt. Bei der Berührung wird die Kugel zunächst entladen (neutralisiert) und anschließend mit umgekehrter Ladung, also negativ, aufgeladen (Bild 1-2). Bei diesem Vorgang fließt zunächst ein Entladestrom und anschließend in gleicher Richtung ein Aufladestrom, so daß die Glimmlampe aufleuchtet. An der anderen Platte des Kondensators wiederholt sich der Vorgang mit umgekehrtem Ladungsvorzeichen.

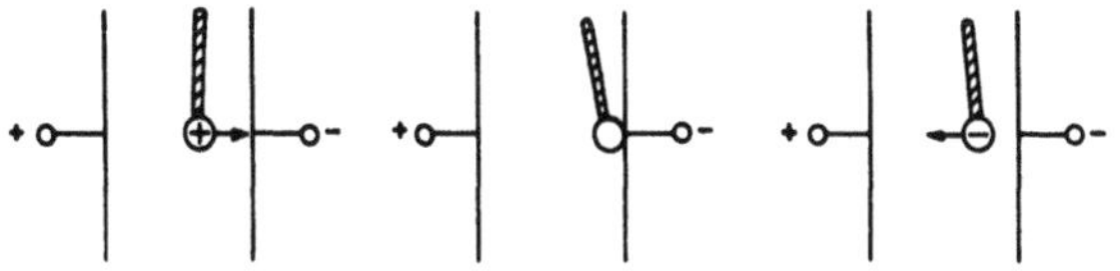

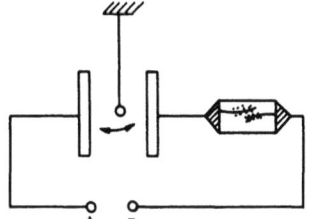

Bild 1-2
Beim Umladen der Kugel fließt ein Strom.

Man erreicht ein ständiges Aufleuchten der Glimmlampe, wenn man die Metallkugel sehr schnell hin- und herbewegt. Die Durchführung des Versuches wird leichter, wenn man die Metallkugel durch einen mit Graphit bestrichenen Tischtennisball ersetzt, der an einem Nylonfaden wie ein Pendel aufgehängt wird (Bild 1-3). Der negativ geladene Tischtennisball bewegt sich aufgrund der elektrostatischen Anziehungskraft zur positiv geladenen Platte, wo er umgeladen wird. Der positiv geladene Ball bewegt sich dann zur negativ geladenen Platte. Es entsteht eine rasche Pendelbewegung. Die Anschläge des Balles an die Platte erfolgen so häufig, daß die Glimmlampe ununterbrochen leuchtet.

Bild 1-3
Durch die Pendelbewegung des Tischtennisballes entsteht ein kontinuierlicher elektrischer Strom.

Wird der Tischtennisball aus dem Kondensator herausgehoben, verlischt die Lampe sofort. Das Aufleuchten der Lampe zeigt einen elektrischen Strom an, der nur durch die Bewegung des geladenen Tischtennisballes bewirkt sein kann. Es läßt sich vermuten, daß auch in einem elektrischen Leiter der Strom durch die Bewegung geladener Teilchen hervorgerufen wird. Diese Vermutung kann durch weitere Experimente unterstützt werden.

▲ *Versuch 1.2:* Es wird die Elektrolyse von Kupfersulfat mit zwei Kohleplatten als Elektroden durchgeführt. Eine Glühlampe zeigt den elektrischen Strom an.

Beobachtung: Wird der Stromkreis geschlossen, leuchtet die Glühlampe hell auf. Nach einiger Zeit entsteht an der Kathode (das ist die an den negativen Pol der Batterie angeschlossene Kohleplatte) ein rot-brauner Kupferbelag.

Die Frage, wie die Kupfersulfatlösung den Strom leitet, kann erst nach einer weiteren Beobachtung beantwortet werden. Wird nämlich in dem Versuchsaufbau (Bild 1-4) die Batterie umgepolt, so zeigt sich folgendes: Der Kupferbelag verschwindet von der einen Kohleplatte, und ein neuer Kupferbelag bildet sich jetzt an der anderen Kohleplatte.

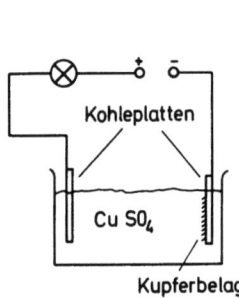
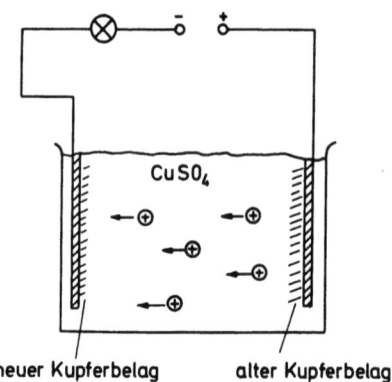

Bild 1-4. Versuchsaufbau zur Elektrolyse von Kupfersulfat.

Bild 1-5. Geladene Kupferteilchen wandern durch die Kupfersulfatlösung.

Deutung: Die Kupferteilchen sind von der einen Kohleplatte zur anderen gewandert. Da jedoch die Kupfersulfatlösung eine bläuliche Färbung hat, der Kupferbelag selbst jedoch rot-braun ist, unterscheiden sich die Kupferteilchen in der Lösung von den Teilchen in dem Kupferbelag. In der Lösung sind die Kupferteilchen geladen.

Ergebnis: Bei der Bewegung geladener Kupferteilchen entsteht in der Kupfersulfatlösung ein elektrischer Strom (Bild 1-5). Da der Kupferbelag nur an der Kathode beobachtet wird, müssen die geladenen Kupferteilchen positiv geladen sein.

Die Bewegung von geladenen Teilchen in einem Stromkreis soll der nächste Versuch zeigen.

▲ *Versuch 1.3:* Ein enges Rohr (Bild 1-6) wird mit Wasser gefüllt, und in die Mitte werden einige Kristalle Kaliumpermanganat gegeben. An den Enden des Rohres sind zwei Elektroden angebracht, die über einen Strommesser an eine Batterie angeschlossen werden.

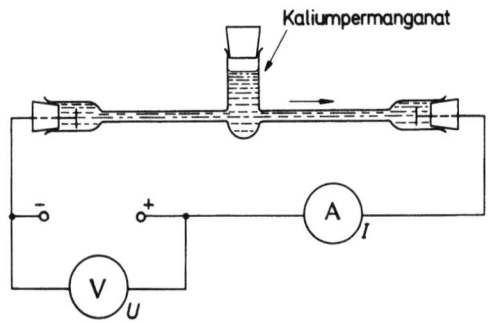

Bild 1-6

Die Bewegung der geladenen Teilchen läßt sich in einem Stromkreis sichtbar machen.

Wird der Stromkreis geschlossen, zeigt das Meßinstrument einen Ausschlag an; außerdem beobachtet man, wie sich die Violettfärbung des Kaliumpermanganats in eine Richtung des Rohres verschiebt. Die Bewegung der geladenen Teilchen ist an der Wanderung der Violettfärbung erkennbar.

Wird anschließend die Polung der Batterie vertauscht, fließt der elektrische Strom in anderer Richtung. Dies ist an der umgekehrten Ausbreitungsrichtung der Violettfärbung erkennbar.

Dadurch wird die Vorstellung gestützt, daß der elektrische Strom durch die Bewegung von geladenen Teilchen entsteht.

Die Leitfähigkeit eines Stoffes läßt sich nur so verstehen, daß sich in ihm geladene Teilchen bewegen können. Denn nur dann kann durch den Stoff ein elektrischer Strom fließen. Von einem Isolator wird man sprechen, wenn sich die geladenen Teilchen im Innern des Stoffes nicht bewegen können.

1.2. Leitungsvorgang in Metallen – das Elektron

Metalle gehören zu den guten elektrischen Leitern. Man kann annehmen, daß sich in einem Metall geladene Teilchen bewegen können. Diese frei beweglichen Teilchen sollen nun näher untersucht werden.

▲ *Versuch 1.4:* In eine evakuierte Glasröhre ist ein Glühdraht – die Kathode – eingeschmolzen, die mit einer Energiequelle verbunden und dadurch zum Glühen gebracht wird. Innerhalb der Röhre ist dem Glühdraht gegenüber eine Platte angeordnet – die Anode –, deren elektrischer Anschluß ebenfalls aus der Röhre herausgeführt wird. Zwischen Kathode und Anode wird mit einem Strommesser und einer Batterie ein zweiter Stromkreis aufgebaut (Bild 1-7).

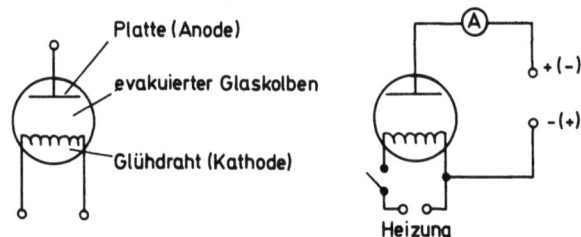

Bild 1-7. Versuchsaufbau zum glühelektrischen Effekt.

Der Versuch wird in zwei Schritten durchgeführt:
1. Die Batterie zwischen Kathode und Anode wird so gepolt, daß der positive Pol an der Anode liegt.
2. Die Batterie wird umgepolt, so daß der negative Pol mit der Anode verbunden ist.

Beobachtung: Nur wenn der positive Pol der Batterie mit der Anode verbunden ist, fließt ein elektrischer Strom. Bei der anderen Polung der Batterie zeigt der Strommesser keinen Ausschlag.

Deutung: Wird der Glühdraht nicht geheizt, fließt unabhängig von der Polung der Batterie kein Strom. In der evakuierten Röhre befinden sich also keine Ladungsträger. Erst durch das Glühen des Drahtes wird eine Stromleitung beobachtbar. Man kann annehmen, daß der glühende Draht geladene Teilchen in den evakuierten Raum abgibt. Diese Teilchen haben eine negative Ladung, denn sie werden nur von der Anode angezogen, wenn die Anode an den positiven Pol der Batterie angeschlossen ist. Deshalb fließt in diesem Fall ein Strom. Wird die Anode mit dem negativen Pol der Batterie verbunden, werden die negativ geladenen Teilchen abgestoßen, so daß kein Strom fließen kann.

Ergebnis: Ein glühender Draht sendet negativ geladene Teilchen aus. Sie heißen **Elektronen** (Bild 1-8).

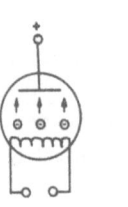  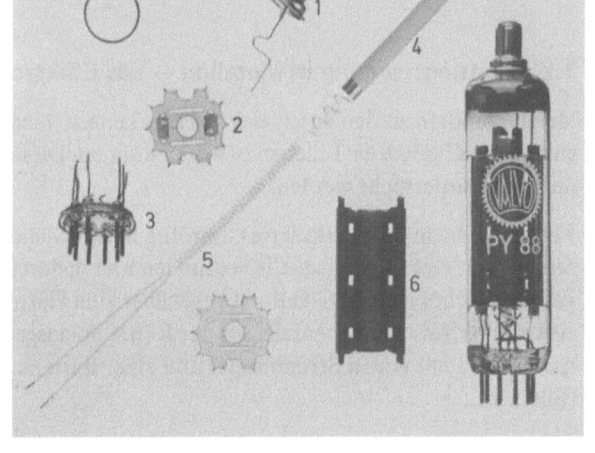

Bild 1-8
Ein glühender Draht sendet Elektronen aus.

Bild 1-9. Eine technische Ausführung einer Vakuumdiode (recht): 1. Anschlußkappe der Anode; 2. Halterung; 3. Anschlußsockel; 4. Kathode; 5. Heizdraht der Kathode; 6. Anode. (Foto Valvo, Hamburg)

Der Austritt von Elektronen aus einem glühenden Draht wird „glühelektrischer" Effekt genannt. Er wird in der Elektronik zum Gleichrichten einer Wechselspannung ausgenutzt. Die in der Technik benutzten Röhren werden **Dioden** genannt (Schaltzeichen ─▷▶─).

▲ *Versuch 1.5:* Eine Diode wird über einen Widerstand an eine Wechselspannung angeschlossen. Der Schaltplan ist in Bild 1-10 dargestellt. Der zeitliche Verlauf der Spannung wird über der Anode mit einem Oszillographen untersucht.

Beobachtung: Von der sinusförmigen Wechselspannung, die an der Diode liegt, wird nur noch eine „Halbwelle" sichtbar. In dem Stromkreis fließt der Strom nur in einer Richtung, der Wechselstrom ist „gleichgerichtet" worden.

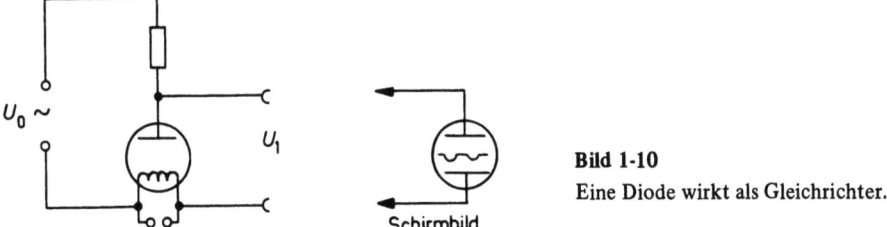

Bild 1-10
Eine Diode wirkt als Gleichrichter.

Die Gleichrichterwirkung der Diode läßt sich verstehen, wenn man die Diode mit einem Schalter vergleicht. Liegt an der Anode der positive Pol, so fließt durch die Röhre ein elektrischer Strom. Das bedeutet: Die Röhre ist leitend oder der „Schalter" ist geschlossen. Wird dagegen die Anode an den negativen Pol angeschlossen, ist die Diode nichtleitend, also der „Schalter" geöffnet (Bild 1-11). Mit diesem Vergleich kann der Schaltplan von Bild 1-10 durch einen „Ersatzschaltplan" dargestellt werden.

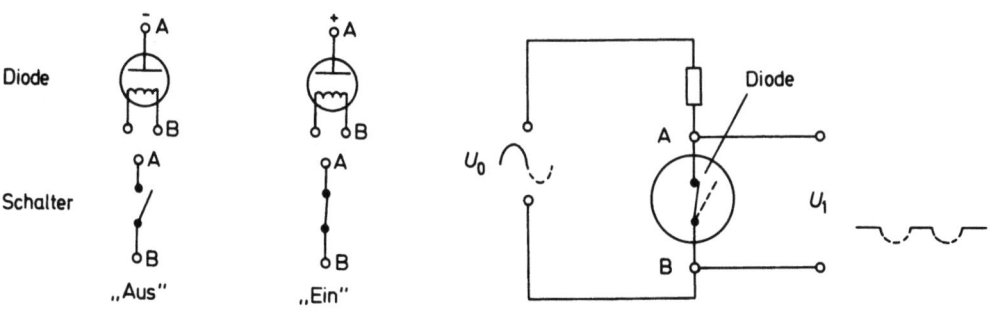

Bild 1-11
Die Diode kann mit einem Schalter verglichen werden.

Bild 1-12
Ersatzschaltplan für die Gleichrichterwirkung einer Diode.

Bei der einen „Halbwelle" der Wechselspannung ist der Schalter geschlossen; die Spannung U_1 beträgt 0 V. Bei der anderen „Halbwelle" ist der Schalter geöffnet; die Spannung U_1 ist gleich der Betriebsspannung U_0 (Bild 1-12).

Der glühelektrische Effekt hat gezeigt, daß nur negativ geladene Teilchen, die Elektronen, von einem glühenden Draht ausgesandt werden. Dieses Ergebnis legt die Vermutung nahe, daß auch innerhalb des Drahtes die Elektronen frei beweglich sind. Eine Bestätigung dieser Vermutung ergibt der Versuch von Tolman:

▲ *Versuch 1.6:* Ein Metallstab wird stark beschleunigt. Die Enden des Metallstabes sind mit einem Spannungsmesser verbunden.

Beim Beschleunigen des Stabes zeigt das Spannungsmeßgerät eine Spannung an, wobei der Minuspol am linken Ende des Stabes ist (Bild 1-13). Wird der Metallstab stark abgebremst, ergibt sich ebenfalls eine Spannung, deren Polung nun vertauscht ist. Der Minuspol liegt nun auf der rechten Seite.

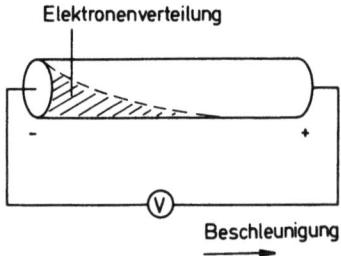

Bild 1-13. Bei einem beschleunigten Metallstab läßt sich an den Enden eine Spannung nachweisen.

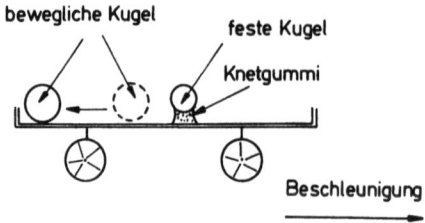

Bild 1-14. Modellversuch zum Tolman-Versuch: Eine festgeklebte Kugel bleibt beim Beschleunigen des Wagens liegen. Die lose Kugel rollt an das Ende des Wagens.

Könnten sich positive und negative geladene Teilchen in dem Metallstab frei bewegen, so würden sich alle diese Teilchen beim Beschleunigen am Rand ansammeln; insgesamt würde dort ein elektrisch neutraler Zustand entstehen. Der Versuch zeigt aber, daß dort ein Minuspol nachgewiesen wird: Daher können sich nur die negativ geladenen Teilchen, die Elektronen, im Metall frei bewegen (Bild 1-14).

Messungen am Tolman-Versuch und an anderen Versuchen haben ergeben, daß die Elektronen sehr klein sind. Ein Elektron hat eine Masse von $m = 10^{-30}$ kg. Es ist fast 2000 mal so leicht wie ein Wasserstoffatom.

1.3. Nachweismöglichkeiten bewegter Ladungsträger

Die Bewegung der Elektronen in einem Metalldraht kann mit Hilfe eines Magnetfeldes untersucht werden. Einen ersten Hinweis auf die Wechselwirkung zwischen einem Magnetfeld und bewegten Elektronen gibt der folgende Versuch.

▲ *Versuch 1.7:* Ein Aluminiumstab wird wie eine Schaukel in das Magnetfeld eines Hufeisenmagneten gebracht (Bild 1-15).

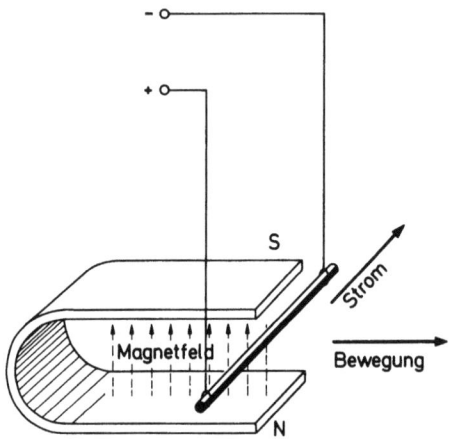

Bild 1-15

Auf einen stromdurchflossenen Leiter wirkt in einem Magnetfeld eine Kraft.

Wird der Stab von einem Strom durchflossen, beobachtet man eine Bewegung des Stabes. Diese erfolgt senkrecht zum Magnetfeld und senkrecht zur Stromrichtung.

Ergebnis: Die Bewegung der Elektronen bewirkt in einem Magnetfeld eine Bewegung des gesamten Leiters.

Werden die Pole der Batterie oder die Pole des Magneten vertauscht, so erkennt man, daß die Bewegungsrichtung des Aluminiumstabes von der Stromrichtung und von der Stellung des Magneten abhängig ist.

Die Wirkung eines Magnetfeldes auf bewegte geladene Teilchen wird besonders gut sichtbar, wenn man mit „freien" Elektronen experimentiert. Freie Elektronen stehen z. B. in einer Vakuumdiode zur Verfügung. Eine spezielle Röhre, in der man die Bahn der Elektronen sichtbar machen kann, ist die **Elektronenstrahlröhre**. Eine ähnliche Röhre ist auch im Oszillographen eingebaut.

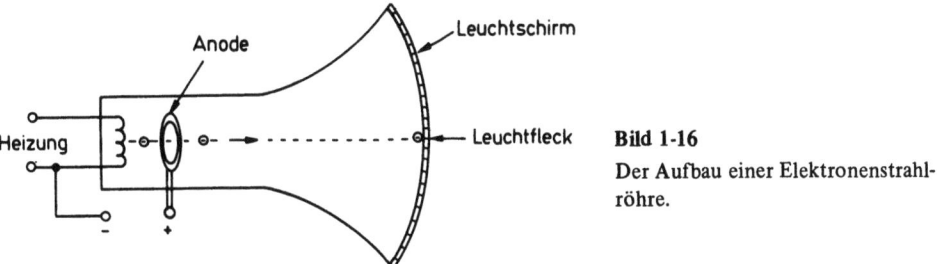

Bild 1-16
Der Aufbau einer Elektronenstrahlröhre.

In Bild 1-16 ist schematisch der Aufbau einer Elektronenstrahlröhre dargestellt. Ein glühender Draht sendet Elektronen aus. Diese werden durch eine positiv geladene Anode beschleunigt. Die Anode besitzt ein Loch, so daß die meisten Elektronen nicht auf die Anode auftreffen, sondern hindurch in den dahinterliegenden Experimentierraum fliegen. Am Ende der Röhre befindet sich ein Schirm, bei dem die Elektronen an der Auftreffstelle einen Lichtpunkt erzeugen.

Die Wirkung eines Magnetfeldes auf den Elektronenstrahl kann an dem Leuchtpunkt beobachtet werden.

▲ *Versuch 1.8:* Einer Elektronenstrahlröhre wird ein Hufeisenmagnet genähert (Bild 1-17).

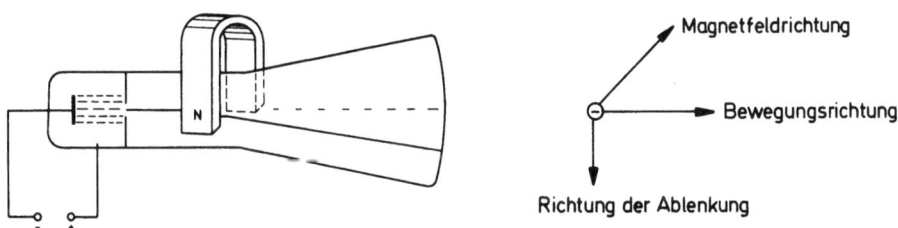

Bild 1-17. Die Ablenkrichtung des Elektronenstrahles steht senkrecht auf der Bewegungsrichtung der Elektronen und verläuft ebenfalls senkrecht zur Richtung der magnetischen Feldlinien.

Man beobachtet, daß der Leuchtfleck auf einer anderen Stelle des Schirmes erscheint. Dabei ist die Ablenkung des Elektronenstrahles senkrecht zur Bewegungsrichtung und ebenfalls senkrecht zu den Linien des magnetischen Feldes. Im Bild 1-18a ist die Beziehung zwischen den drei Richtungen schematisch durch drei Pfeile dargestellt. Würde man einen ähnlichen Versuch mit positiv geladenen Teilchen wiederholen, wäre ebenfalls eine Ablenkung zu beobachten, jedoch genau in entgegengesetzter Richtung wie bei den Elektronen (Bild 1-18b).

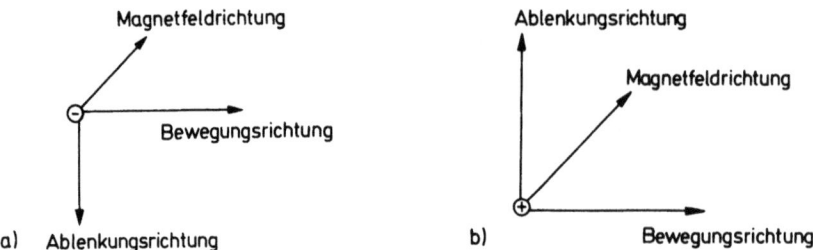

Bild 1-18. Ablenkung von bewegten geladenen Teilchen im Magnetfeld a) beim Elektron, b) beim positiv geladenen Teilchen.

Die Ablenkung eines Elektronenstrahles in einem Magnetfeld wird in der Fernsehbildröhre ausgenutzt. Dabei wird statt des Dauermagneten ein Elektromagnet benutzt. Durch eine unterschiedliche Stromstärke in der Spule des Elektromagneten wird eine unterschiedlich starke magnetische Feldstärke und damit eine unterschiedliche Ablenkung des Elektronenstrahles erreicht (Bild 1-19).

Bild 1-19. In einer Fernsehbildröhre wird der Elektronenstrahl durch einen Elektromagneten abgelenkt.

Die Ablenkung bewegter geladener Teilchen soll in einem weiteren Versuch, dem Hall-Effekt, gezeigt werden.

▲ **Versuch 1.9:** Ein Silberstreifen wird zwischen die Pole eines starken Elektromagneten gespannt. Durch den Streifen fließt ein starker Strom, und senkrecht zur Stromrichtung (Bild 1-20) sind an der Seite des Streifens zwei Kontaktstellen angebracht. Diese werden mit einem empfindlichen Spannungsmeßgerät verbunden.

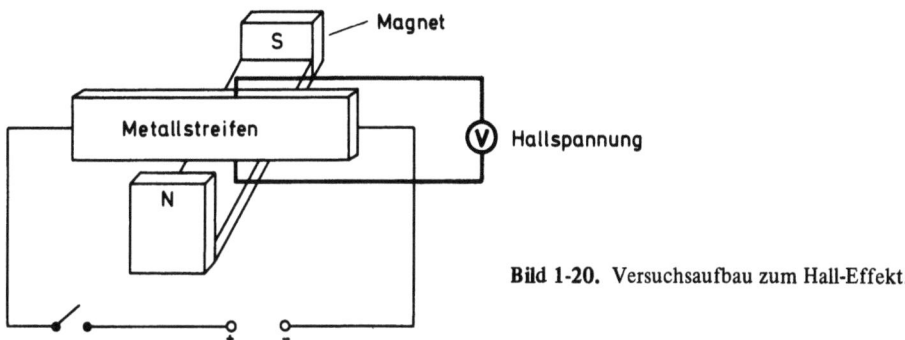

Bild 1-20. Versuchsaufbau zum Hall-Effekt.

Ohne ein Magnetfeld zeigt das Spannungsmeßgerät keinen Ausschlag, wenn die Kontaktstellen genau symmetrisch angeordnet sind. Wird ein Magnetfeld eingeschaltet, so entsteht an den Kontaktstellen eine Spannung. Diese wird **Hallspannung** genannt.
Die Ursache für die Hallspannung ist die Ablenkung der bewegten Elektronen im Magnetfeld. Die Elektronen werden, wie Bild 1-21 zeigt, nach oben abgelenkt, so daß dort ein

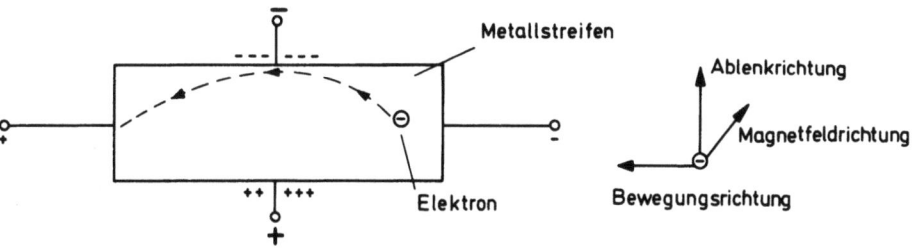

Bild 1-21. Die Hallspannung entsteht durch die Ablenkung der bewegten Elektronen.

Überschuß an Elektronen herrscht. Im unteren Teil des Streifens ist ein Mangel an Elektronen feststellbar. Dieser Rand ist positiv gegenüber dem oberen. Das wird durch das Vorzeichen bestätigt.
Der Halleffekt bestätigt, daß in einem Metall Elektronen frei beweglich sind. Würden nämlich positiv geladene Teilchen die Stromleitung bewirken, so müßte die Polung der Hall-

spannung gerade umgekehrt erscheinen (vergleiche Bild 1-18b). Dieser Fall würde eintreten, wenn man den Silberstreifen durch einen Streifen aus einem anderen Material ersetzte. Wählt man z.B. Zink als Streifenmaterial aus, dann erscheint die Polung der Hallspannung umgekehrt als bei Silber. Daraus läßt sich folgern, daß im Zink die Bewegung von positiv geladenen Teilchen überwiegt. Man bezeichnet den Halleffekt in diesem Fall als „anomal" (Bild 1-22).

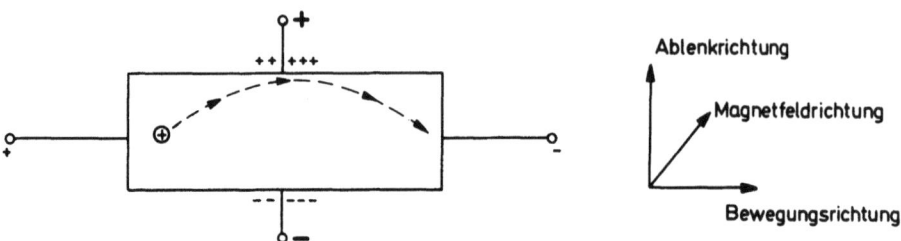

Bild 1-22. Der Halleffekt bei einem Stoff, in dem der Strom überwiegend durch die Bewegung positiv geladener Teilchen entsteht.

Ergebnis: Es gibt Stoffe, bei denen Strom durch die Bewegung positiv geladener Teilchen bewirkt wird.

Eine theoretische Berechnung des Halleffektes zeigt, daß die gemessene Hallspannung eine direkte Aussage über die Stärke des Magnetfeldes zuläßt. Deshalb werden „Hallsonden" vielfach in Meßgeräten benutzt, mit denen man magnetische Felder ausmessen kann.

1.4. Der Leitungsvorgang in Halbleitern

Die Stoffe lassen sich bezüglich ihrer elektrischen Leitfähigkeit in drei Gruppen einteilen. Die guten Leiter (Metalle, wie Silber, Kupfer und Aluminium) und die Isolatoren (Bernstein, Glimmer, Quarz) sind schon lange Zeit wichtige Stoffe in der Elektrotechnik. Doch erst in neuerer Zeit hat eine Gruppe von Stoffen, die **Halbleiter**, eine immer stärkere Bedeutung erlangt. Halbleiter (Kohle, Germanium, Silizium) sind schlechte Leiter, zugleich aber auch schlechte Isolatoren. Erst nach intensiver Erforschung des Leitungsvorganges in einem Halbleiter gelangte man zu Bauelementen, die heute zu den wichtigsten der modernen Elektronik zählen (Bild 1-23).

Die beiden wichtigsten Halbleiter-Stoffe sind Germanium (Ge) und Silizium (Si). Am Beispiel des Germaniums sollen die wesentlichen Vorgänge bei der Stromleitung in einem Halbleiter erläutert werden.

Festes Germanium liegt in kristalliner Form vor. In einem Ge-Kristall sind die Atome regelmäßig angeordnet und bilden die Form eines Tetraeders (Bild 1-24a). Das feste Gefüge eines Ge-Kristalles wird durch Elektronen bewirkt. Alle vorhandenen Elektronen

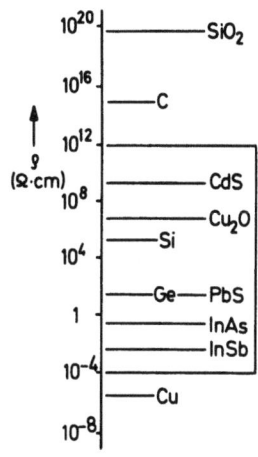
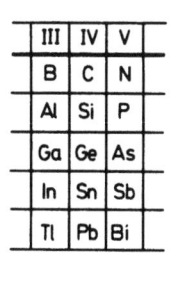

Bild 1-23

Der spezifische Widerstand ist ein Maß für die Leitfähigkeit der Stoffe.

tragen zu dieser Bindung bei. Jedes Atom ist von vier Nachbarn umgeben, die die Eckpunkte des Tetraeders bilden. In jeder der vier eingetragenen Verbindungen sind zwei Elektronen vorhanden. Bild 1-24b zeigt schematisch den Aufbau in der Ebene.

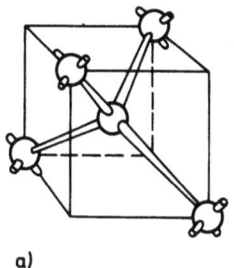
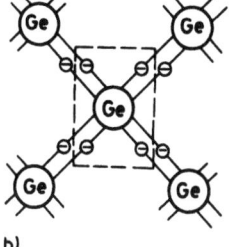

Bild 1-24
a) Aufbau eines Ge-Kristalles,
b) jedes Ge-Atom stellt seine vier Valenzelektronen zur Bindung zur Verfügung.

Ein elektrischer Strom wird durch die Bewegung geladener Teilchen bewirkt. Da alle Elektronen relativ stark an der Bindung des Ge-Kristalles beteiligt sind, stehen in dem in Bild 1-24 dargestellten Fall keine geladenen Teilchen zur Stromleitung zur Verfügung.

Wird nun dem Ge-Kristall Wärmeenergie zugeführt, so wird diese Energie in Form von Bewegungsenergie von den Atomen aufgenommen. Das Ge-Atom beginnt zu schwingen, so daß es vorkommen kann, daß eine oder mehrere Verbindungen „aufbrechen". Dadurch entsteht an dieser „Bruchstelle" ein Elektron, das sich in dem Gitterverband frei bewegen kann. Gleichzeitig entsteht eine **Lücke**, die einen positiven Ladungszustand hat. Man nennt diesen Vorgang „**Paarbildung**" (Bild 1-25).

Bewegt sich nun ein frei gewordenes Elektron durch den Kristall, so kann es an einer anderen Stelle auf eine Lücke stoßen. Aufgrund der elektrostatischen Anziehung „springt" es in die positive Lücke hinein und ist damit nicht mehr frei beweglich. Man spricht von

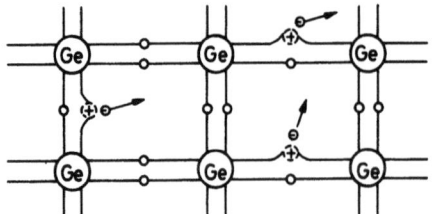
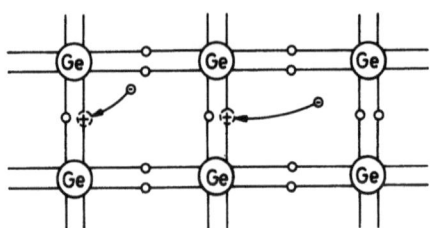

Bild 1-25. Durch Wärmeenergie entstehen beim Ge-Kristall frei bewegliche Elektronen und feste Lücken mit positiven Ladungszustand.

Bild 1-26. Durch Rekombination wird ein Elektron wieder fest gebunden.

„**Rekombination**" (Bild 1-26). Die Paarbildung und die Rekombination stehen im Gleichgewicht. Im Mittel stehen daher auch bei Zimmertemperatur immer einige frei bewegliche Elektronen zur Verfügung, die einen elektrischen Strom bewirken können.

Doch auch die Lücken können sich scheinbar in dem Kristall bewegen. Bild 1-27 zeigt, wie ein Nachbarelektron in eine Lücke springt, dadurch hat sich die Lücke nach rechts bewegt. Da sich der Vorgang wiederholen kann, erscheint die positiv geladene Lücke frei beweglich. Deshalb spricht man auch von beweglichen Lücken.

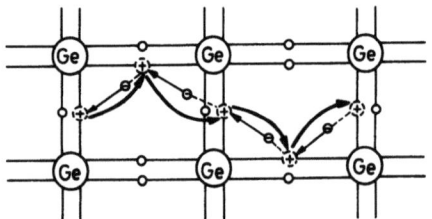

Bild 1-27
Durch „springende" Elektronen erscheinen die Lücken frei beweglich.

Die Erscheinung der frei beweglichen Lücken ist vergleichbar mit einer stehenden Autokolonne, aus der vorne ein Auto ausschert. Ein außenstehender Beobachter hat den Eindruck, als ob die entstandene Lücke durch die Fahrzeugkolonne nach hinten durchwandert, wenn jedes einzelne Auto ein kleines Stück nach vorne fährt (Bild 1-28).

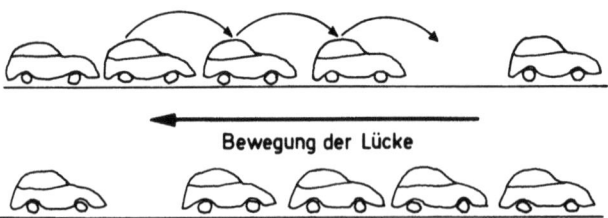

Bild 1-28. Veranschaulichung einer Lückenbewegung.

Ergebnis: In einem Ge-Kristall sind bei Zimmertemperatur Elektronen und positiv geladene Lücken frei beweglich.

Wird nun an ein Ge-Kristall eine elektrische Energiequelle angeschlossen, entsteht ein Strom sowohl aufgrund der Beweglichkeit der Elektronen (Elektronenstrom) als auch aufgrund der frei beweglichen Lücken (Lückenstrom) (Bild 1-29).

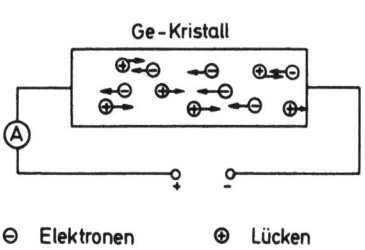

⊖ Elektronen   ⊕ Lücken

Bild 1-29
In einem Ge-Kristall wird der Strom durch Elektronen und positive Lücken bewirkt.

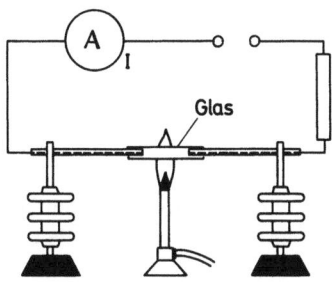

Bild 1-30
Glas wird bei hoher Temperatur elektrisch leitend.

Ein Versuch soll abschließend zeigen, daß ein Stoff durch Wärmezufuhr leitfähig gemacht werden kann.

▲ *Versuch 1.10:* Ein kleines Glasrohr wird mit zwei Metallklemmen fest eingespannt. Die beiden Klemmen werden über einen Strommesser und einen Schutzwiderstand mit einer Energiequelle verbunden.

Bei Zimmertemperatur ist kein Ausschlag am Strommesser beobachtbar. Nun wird das Glasrohr mit einem Gasbrenner stark erhitzt. Zunächst beobachtet man nur kleine Lichtblitze innerhalb des Glases, und bei noch stärkerer Erwärmung beginnt es rot zu glühen. Der Strommesser zeigt an, daß jetzt ein starker Strom durch das Glas hindurchfließt (Bild 1-30).
Auch wenn Glas nicht zu den eigentlichen Halbleitern zählt[1], so zeigt es in diesem Versuch das gleiche Verhalten wie ein Ge- oder Si-Kristall.

1.5. Abhängigkeit der Leitfähigkeit bei Halbleitern von Wärme- und Lichtenergie

Die Leitfähigkeit eines Halbleiters wird z. B. durch Zufuhr von Wärmeenergie verbessert: Wird die Temperatur eines Ge-Kristalles erhöht, so werden verstärkt die Bindungen zwischen den Ge-Kristallen „aufbrechen": die Anzahl der geladenen Teilchen nimmt zu.

---

[1] Im glühenden Glas liegt eine Ionenleitung und keine Elektronenleitung vor.

Die Erhöhung der Anzahl der frei beweglichen Teilchen kann auch durch eine andere Energieform als durch Wärmeenergie erfolgen. Dies wird in dem folgenden Versuch gezeigt.

▲ *Versuch 1.11:* Ein Ge-Kristall wird über einen Strommesser an eine Batterie angeschlossen (Bild 1-31).

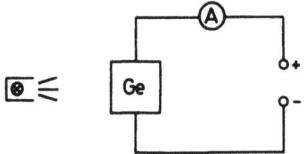

Bild 1-31
Die Leitfähigkeit eines Halbleiters kann auch durch Lichtenergie erhöht werden.

Zunächst wird der Kristall vorsichtig erwärmt. Man beobachtet deutlich einen Anstieg der Stromstärke, ein Nachweis für die Erhöhung der Anzahl der frei beweglichen geladenen Teilchen. Der Versuch wird nun mit einer anderen Energiequelle wiederholt: Mit einer Lampe wird der Kristall intensiv beleuchtet. Auch in diesem Versuch beobachtet man eine starke Zunahme der Stromstärke, die auf eine Erhöhung der Anzahl der beweglichen geladenen Teilchen hinweist.

Ergebnis: Die Leitfähigkeit eines Halbleiters läßt sich durch Lichtenergie verändern.

Die Beeinflussung der Leitfähigkeit eines Halbleiters durch Wärme- und Lichtenergie wird in speziellen Bauelementen ausgenutzt, den „**Fotowiderständen**" (-▷ ◁-). Bei ihnen beeinflußt eine Veränderung der Beleuchtungsstärke die Leitfähigkeit (Bild 1-32).

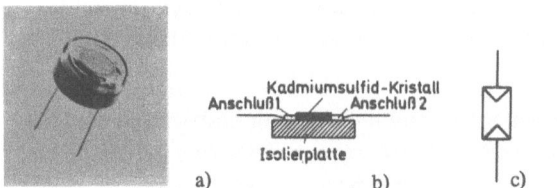
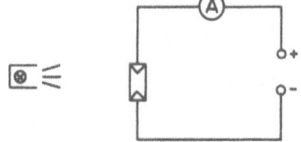

Bild 1-32. Der Fotowiderstand: a) Eine technische Ausführung (Typ LDR 03 der Fa. Valvo, Hamburg), b) schematischer Aufbau, c) Schaltzeichen.

Bild 1-33. Der Strommesser zeigt bereits geringe Schwankungen der Beleuchtungsstärke an.

▲ *Versuch 1.12:* Ein Fotowiderstand wird über einen Strommesser an eine Batterie angeschlossen (Bild 1-33).

Bei einem Meßbereich von 30 mA ist bei fast abgedunkeltem Raum kein Zeigerausschlag erkennbar. Wird nun eine Taschenlampe an den Fotowiderstand herangeführt, steigt die Stromstärke schnell an. Die folgende Tabelle zeigt einige Meßwerte bei einer Betriebsspannung von 4,5 V:

Abstand in cm	20	10	5
Stromstärke in mA	5	11	23

Aus den Meßwerten wird ersichtlich, daß bereits bei geringer Abstandsänderung — das entspricht einer geringen Änderung der Beleuchtungsstärke — eine große Stromstärkeänderung auftritt.

Ergebnis: Der Fotowiderstand ist ein empfindliches Anzeigeelement für die Beleuchtungsstärke.

Fotowiderstände werden in der Technik häufig in Lichtschranken eingesetzt. Soll z. B. eine Diebstahlsicherung in einen Raum eingebaut werden, so läßt sich dazu eine Lichtschranke verwenden. Den prinzipiellen Aufbau zeigt der folgende Versuch:

▲ *Versuch 1.13:* Das Licht einer Lampe wird mit einer Linse auf einem Fotowiderstand gebündelt. Der Fotowiderstand ist mit einem Relais an eine Batterie angeschlossen (Bild 1-34). Über den Ruhekontakt des Relais kann in einem zweiten Stromkreis eine Alarmglocke eingeschaltet werden.

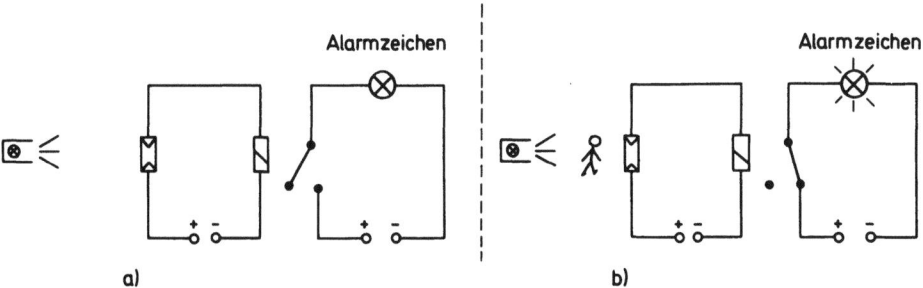

Bild 1-34. Eine einfache „Diebstahlsicherung": a) kein Alarm, b) die Alarmglocke ertönt.

Wie arbeitet die Schaltung? Trifft das Licht ungehindert auf den Fotowiderstand, so kann eine große Stromstärke fließen. Damit wird der Anker des Relais angezogen (Bild 1-34a). Der Stromkreis für die Alarmglocke ist abgeschaltet. Wird nun der Lichtstrahl z. B. durch eine Person unterbrochen, so ist der Fotowiderstand abgedunkelt. Dadurch fließt nur noch ein schwacher Strom, der Anker des Relais fällt ab und schließt den Stromkreis für die Alarmglocke (Bild 1-34b).

Die Veränderung der Leitfähigkeit eines Halbleiters durch Wärmeenergie wird in besonders gefertigten Bauelementen, den **Heißleitern** (─⎕─), ausgenutzt. Heißleiter zeigen eine noch stärkere Zunahme der Stromstärke bei Erwärmung, als es im Versuch 1.11 bei reinem Germanium zu beobachten war.

▲ *Versuch 1.14:* Es wird ein Stromkreis aus einem Heißleiter, einem Strommesser und einer Batterie aufgebaut. Der Heißleiter ist in ein Wärmebad getaucht, dessen Temperatur mit einem Thermometer gemessen wird (Bild 1-35).

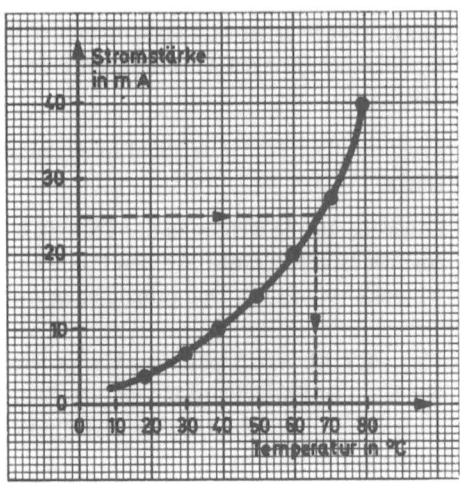

Bild 1-35. Die Leitfähigkeit eines Heißleiters ist stark von der Temperatur abhängig.

Bild 1-36. Abhängigkeit der Stromstärke von der Temperatur bei einem Heißleiter.

In der folgenden Meßtabelle sind für verschiedene Temperaturen die zugehörigen Stromstärken eingetragen. Bild 1-36 zeigt die graphische Auswertung der Meßtabelle.

Temperatur in °C	10	20	30	40	50	60	70	80
Stromstärke in mA	2,5	4,0	6,5	10,0	14,5	20	27	40

Der starke Anstieg der Kurve zeigt die schnelle Zunahme der Stromstärke, die bereits bei kleinen Temperaturdifferenzen beobachtbar wird.

Ergebnis: Ein Heißleiter ist ein empfindliches Bauteil für den Nachweis von Temperaturschwankungen.

Heißleiter können als elektrische Temperaturmesser benutzt werden. Dies ist aus der Meßkurve von Bild 1-36 ersichtlich. Mit einer solchen „Eichkurve" kann jeder Stromstärke eine bestimmte Temperatur zugeordnet werden.

Elektrische Thermometer haben gegenüber den normalen Flüssigkeitsthermometern den Vorzug, daß das Ablesegerät, der Strommesser, nicht unmittelbar am Meßort aufgestellt werden muß. Das wird z. B. dann erforderlich, wenn die zu messende Temperatur Werte erreicht, die einen Aufenthalt in unmittelbarer Nähe für den Beobachter unmöglich machen.

Ein Heißleiter kann ebenfalls in „Wärmeschaltern" benutzt werden. Ein einfaches Beispiel ist der Feuermelder. Der Versuchsaufbau dazu ist dem von Versuch 1.13 sehr ähnlich.

▲ *Versuch 1.15:* Im elektrischen Teil von Versuch 1.13 wird der Fotowiderstand durch einen Heißleiter ersetzt. Die Alarmglocke wird nun mit dem Arbeitskontakt des Relais verbunden (Bild 1-37).

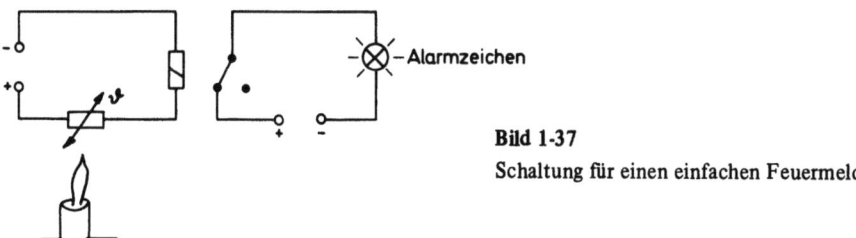

Bild 1-37
Schaltung für einen einfachen Feuermelder.

Bei Zimmertemperatur ist die Stromstärke durch den Heißleiter noch so gering, daß der Anker des Relais nicht anzieht. Dadurch bleibt die Alarmglocke ausgeschaltet. Erwärmt man nun den Heißleiter z. B. mit einer Flamme, so wächst die Stromstärke an. Schließlich spricht das Relais an und die Alarmglocke wird über den Arbeitskontakt eingeschaltet.

Sowohl beim Heißleiter als auch beim Fotowiderstand werden Stromstärken gemessen, die um ein Vielfaches größer sind, als sie bei reinem Germanium festzustellen sind. Wie man einen Halbleiter verändern muß, damit diese Erscheinung auftritt, soll im nächsten Abschnitt geklärt werden.

a III b	a IV b	a V b
3 3	4 4	3 5
5 B Bor 10,81	6 C Kohlenstoff 12,011	7 N Stickstoff 14,007
13 Al Aluminium 26,98	14 Si Silicium 28,09	15 P Phosphor 30,97
21 Sc Scandium 44,96	22 Ti Titan 47,90	23 V Vanadium 50,94
32 Ga Gallium 69,72	32 Ge Germanium 72,59	33 As Arsen 74,92
39 Y Yttrium 88,91	40 Zr Zirkonium 91,22	41 Nb Niob 92,91
49 In Indium 114,82	50 Sn Zinn 118,69	51 Sb Antimon 121,75
57-71 1 siehe unten	72 Hf Hafnium 178,49	73 Ta Tantal 180,95
81 Tl Thallium 204,37	82 Pb Blei 207,19	83 Bi Wismut 208,98

Bild 1-38 (zum Text auf Seite 26)
Ausschnitt aus dem Periodischen System der Elemente.

1.6. Erhöhung der Leitfähigkeit von Halbleitern durch Dotieren

Reines Germanium ist in der Natur selten zu finden. Häufig ist der Germaniumkristall durch Atome anderer Stoffarten verunreinigt, z.B. durch Phosphor (P) oder Indium (In). Durch technisch hochkomplizierte Verfahren ist es gelungen, die Verunreinigung durch Fremdatome zu kontrollieren. Das bedeutet: Man kann Germaniumkristalle herstellen, bei denen das Zahlenverhältnis von Germaniumatomen zu Fremdatomen festgelegt ist. Man nennt diesen Vorgang „Dotieren" des Kristalls.

Was bedeutet es nun für die Stromleitung eines Ge-Kristalls, wenn in ihm Fremdatome, z.B. Phosphor, eingelagert sind? Phosphor gehört zur fünften Gruppe des Periodischen Systems der Elemente (Bild 1-38). Phosphor besitzt also fünf Valenzelektronen, die bei chemischen Bindungen in Wechselwirkung mit anderen Atomen treten können.

Befindet sich nun ein Phosphoratom in der Nachbarschaft von Ge-Atomen, so werden zum Aufbau des Kristallgefüges lediglich vier Elektronen benötigt (Bild 1-39).

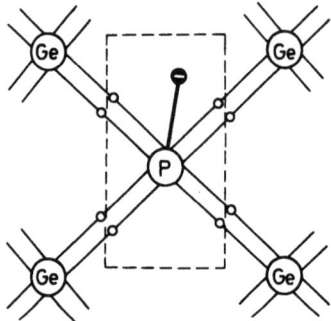
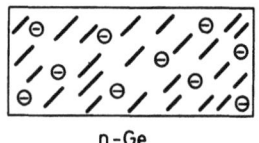

n-Ge

⊖ : bewegliche Elektronen

╱╱ : feste Lücken

Bild 1-39
Ein Phosphoratom ist in einem Ge-Kristall eingelagert.

Bild 1-40
Schematische Zeichnung eines n-dotierten Kristalls.

Das fünfte Valenzelektron steht in keiner Beziehung zu den Ge-Atomen. Dieses überschüssige Elektron ist daher relativ schwach gebunden und kann leicht durch Zufuhr von Energie frei werden. Durch Dotieren eines Ge-Kristalls mit Phosphoratomen entsteht also ein Kristall, in dem Elektronen praktisch frei beweglich sind. Wenn das überschüssige Elektron des Phosphors seinen „Platz" verlassen hat, hinterläßt es eine positiv geladene Lücke. Diese Lücke ist im Gegensatz zur Stromleitung bei reinem Germanium nicht frei beweglich, da sich an dieser Stelle aufgrund der geringen Bindung keine anderen Elektronen anlagern werden (vgl. Abschnitt 1.4). Die Anzahl der Elektronen und Lücken, die durch Paarbildung bei reinem Germanium entstehen, sind in der Praxis zahlenmäßig sehr gering. Daher nennt man ein mit Phosphor (oder einem anderen Stoff der fünften Gruppe) dotierten Germaniumkristall „negativ dotiert" (n-dotiert), weil die Stromleitung in einem solchen Kristall überwiegend durch Elektronen bewirkt wird (Bild 1-40).

Neben n-dotierten Kristallen lassen sich auch „positiv dotierte" (p-dotierte) Kristalle herstellen. Bei einem p-dotierten Ge-Kristall wird die Stromleitung durch Lücken, die einen

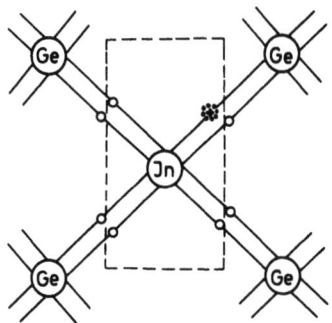

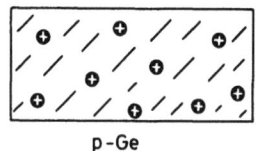

○ : bewegliche Lücken

/// : feste Elektronen

Bild 1-41. Ein mit Indium p-dotierter Ge-Kristall

Bild 1-42. In einem p-dotierten Kristall sind Lücken mit positivem Ladungszustand frei beweglich.

positiven Ladungszustand haben, hervorgerufen. In diesem Fall werden in dem Ge-Kristall Atome von Stoffen der dritten Gruppe des Periodischen Systems der Elemente, z.B. Indium, als Fremdatome eingelagert. Bild 1-41 zeigt einen Ausschnitt aus einem mit Indium dotierten Ge-Kristall.

Da Indium nur über drei Valenzelektronen verfügt, ist die Bindung des Kristallgefüges an dieser Stelle unzureichend. Nachbarelektronen werden bereits bei geringer Energiezufuhr ihren Platz verlassen und sich bei der Indium-Germanium-Verbindung anlagern. Ein solches Elektron hinterläßt eine Lücke mit positivem Ladungszustand (Bild 1-42). Diese Lücke ist im Kristall nun frei beweglich, da auch andere Nachbaratome in diese Lücke „springen" werden. Diese Elektronen hinterlassen wiederum eine Lücke (vgl. Abschnitt 1.4). So entsteht bei jedem eingelagerten Indiumatom eine frei bewegliche Lücke.

Ein auf diese Weise p-dotierter Kristall wirkt daher wie ein Stromleiter, in dem positiv geladene Teilchen frei beweglich sind.

In welcher Weise ein Halbleiter-Kristall dotiert ist, kann man mit Hilfe des Hall-Effektes (vgl. Abschnitt 1.3) überprüfen. Bei einem n-dotierten Kristall muß die Polung der Hall-Spannung wie bei Silber auftreten. In beiden Fällen sind Elektronen frei beweglich. Dagegen wird bei einem p-dotierten Kristall der anomale Hall-Effekt auftreten, also eine Hall-Spannung, deren Polarität umgekehrt wie bei Silber ist.

▲ *Versuch 1.16:* Der Hall-Effekt (vgl. Versuch 1.9) wird mit einem p-dotierten und einem n-dotierten Ge-Kristall durchgeführt (Bild 1-43).

Man beobachtet bei beiden Kristallen eine Hall-Spannung. Ihre Polarität ist jedoch entgegengesetzt. Durch den Vergleich mit der Hall-Spannung bei einer Silberprobe kann man nun die Art der Dotierung bei beiden Kristallen unterscheiden.

Durch Dotieren von Halbleiter-Kristallen kann die Anzahl der frei beweglichen geladenen Teilchen in einem bestimmten Volumen um ein Vielfaches erhöht werden. Die Anzahl der Paarbildung in einem Kubikzentimeter eines reinen Ge-Kristalls beträgt bei Zimmertemperatur ungefähr $2,5 \cdot 10^{13}$, wobei in einem Kubikzentimeter eines Ge-Kristalls etwa

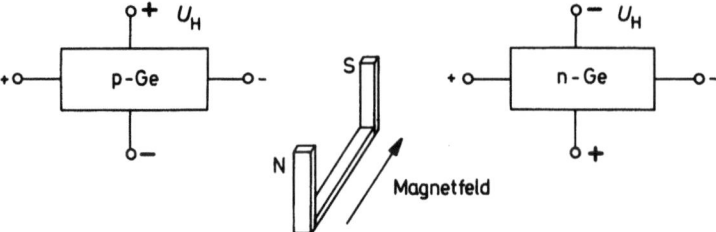

Bild 1-43. Der Hall-Effekt mit einem p-dotierten und einem n-dotierten Ge-Kristall.

$4{,}5 \cdot 10^{22}$ Atome vorhanden sind. Wird auf 10^8 Ge-Atome nur ein einziges Fremdatom eingelagert, so werden zusätzlich $4{,}5 \cdot 10^{14}$ geladene Teilchen frei beweglich. Das sind ungefähr 20 mal so viel Teilchen, wie sie bei reinem Germanium durch Paarbildung zur Verfügung stehen. Die Stromleitung in dotiertem Germanium wird daher fast ausschließlich durch die Fremdatome hervorgerufen.

Die relativ große Stromstärke beim Fotowiderstand und Heißleiter ist auch auf eine Dotierung des Halbleitermaterials zurückzuführen.

2. Elektronische Bauelemente

2.1. Die Wirkungsweise der Halbleiterdiode

Ein wichtiges elektronisches Bauelement entsteht dadurch, daß zwei verschieden dotierte Halbleiterkristalle aneinandergelegt werden. Folgt auf ein positiv dotiertes Gebiet unmittelbar ein negativ dotiertes Gebiet, so zeigen sich interessante elektrische Eigenschaften. Man spricht von einem pn-Übergang. Bei einem pn-Übergang bildet sich im Kristall eine Ladungsverteilung, deren Entstehung in Bild 2-1 erläutert ist.

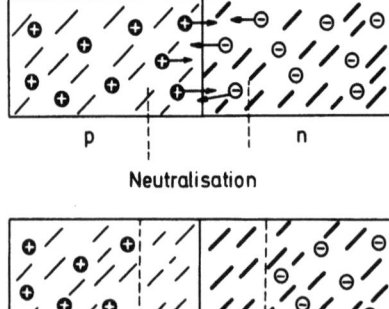

Bild 2-1. Bei einem pn-Übergang entsteht eine Zone, die an frei beweglichen Teilchen verarmt ist.

Bei Zimmertemperatur sind die frei beweglichen Teilchen aufgrund der Wärmeenergie ständig in Bewegung. Aufgrund dieser regellosen Bewegung gelangen Elektronen aus dem negativ dotierten Gebiet in das unmittelbar angrenzende positiv dotierte Gebiet. Durch die elektrostatische Anziehungskraft werden diese Elektronen von den positiv geladenen Lücken angezogen. Die Elektronen und die Lücken rekombinieren, so daß die Elektronen nicht mehr frei beweglich sind. Auch in umgekehrter Richtung können Lücken in das negativ dotierte Gebiet eindringen. Daher entsteht auf beiden Seiten des pn-Überganges eine Verarmung an frei beweglichen geladenen Teilchen. Man spricht kurz von einer „Verarmungszone". In der Verarmungszone sind fast keine geladenen Teilchen frei beweglich.

Es soll nun das elektrische Verhalten des pn-Überganges im elektrischen Stromkreis untersucht werden. Bauelemente, die aus einem pn-Übergang bestehen, heißen Halbleiterdioden (–▷︎|–). Halbleiterdioden zeigen ähnliches Verhalten wie Vakuumdioden (Bild 2-2 und 2-3). Dies wird in dem nächsten Versuch deutlich.

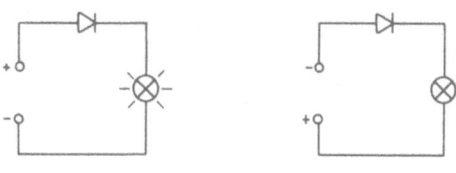

Bild 2-2. Ein pn-Übergang wirkt wie eine Vakuumdiode.

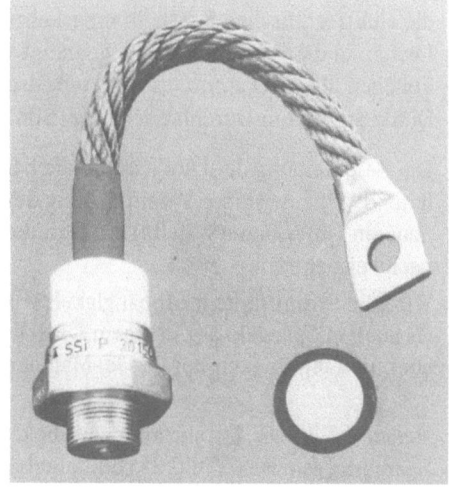

Bild 2-3
Technische Ausführung einer Halbleiterdiode (Foto Siemens).

▲ *Versuch 2.1:* Eine Halbleiterdiode wird über eine Glühlampe an eine Batterie angeschlossen. Die Lampe wird bei unterschiedlicher Polung der Batterie beobachtet.

Man erkennt am Leuchten der Lampe, daß die Halbleiterdiode den Strom nur in einer Richtung hindurchläßt (Durchlaßrichtung $^+$▷︎|$^-$; Sperrichtung $^+$|◁$^-$). Wie ist dieses Verhalten zu erklären? Zunächst sei angenommen, der positive Pol der Batterie ist an den negativ dotierten Teil des pn-Überganges angeschlossen. Entsprechend ist der p-dotierte Teil mit dem Minuspol verbunden (Bild 2-4a). Auf die beweglichen geladenen Teilchen wirkt nun eine elektrostatische Anziehungskraft, so daß die Elektronen und die Lücken zu den Anschlußstellen des pn-Überganges gezogen werden. Dabei verbreitert sich die Verarmungszone. Die Verarmungszone verfügt über fast keine beweglichen Teilchen, sie wirkt als Isolator. Deshalb kann in dem Kreis kein Strom fließen, die Glühlampe bleibt dunkel. Die Diode ist in Sperrichtung geschaltet.

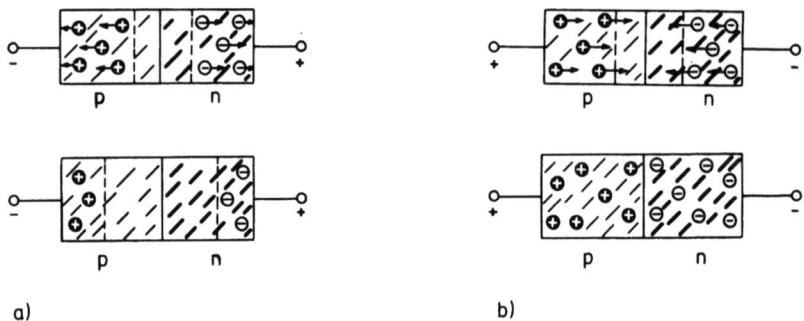

a)   b)

Bild 2-4. a) Der pn-Übergang ist nichtleitend, b) Elektronen und Lücken dringen in die Verarmungszone ein; der pn-Übergang ist leitend.

Wird nun die Polung der Batterie vertauscht, wirken auf die Elektronen und die Lücken die elektrostatischen Kräfte in umgekehrter Richtung, so daß die Elektronen und die Lücken in die Verarmungszone gedrängt werden. Die Verarmungszone wird von geladenen Teilchen überschwemmt, es kann ein Strom fließen. Die Glühlampe leuchtet auf. Die Diode arbeitet in Durchlaßrichtung (Bild 2-4b).

Die Beschreibung der Diode durch die beiden möglichen Zustände „leitend" und „nichtleitend" ist eine starke Vereinfachung des tatsächlichen Leitungsvorganges. Bei einer genaueren Untersuchung stellt man fest, daß auch bei Schaltung in Sperrichtung ein Strom nachweisbar ist.

Wird die Stromstärke in Abhängigkeit von der angelegten Spannung sowohl in Durchlaß- als auch in Sperrichtung in einem Diagramm dargestellt, erhält man eine genaue Übersicht über die Leitfähigkeit der Diode. Man nennt diese Darstellung die „Kennlinie" der Diode.

▲ *Versuch 2.2:* Die Stromstärke wird bei einer Halbleiterdiode in Abhängigkeit von der Spannung gemessen (Bild 2-5). Man erhält in Durchlaßrichtung folgende Meßwerte:

U in V	0,2	0,4	0,6	0,8	1,0
I in mA	0,8	3,0	6,4	11,0	18,0

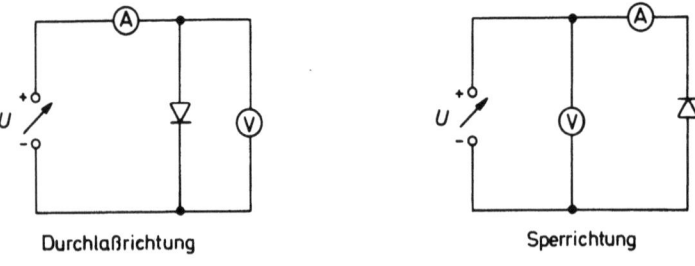

Durchlaßrichtung   Sperrichtung

Bild 2-5. Schaltpläne zur Messung der Diodenkennlinie

Aus der graphischen Darstellung in Bild 2-6 ist erkennbar, daß die Stromstärke nicht proportional zur Spannung wächst. Die Diode gehorcht also in Durchlaßrichtung nicht dem ohmschen Gesetz $U \sim I$.

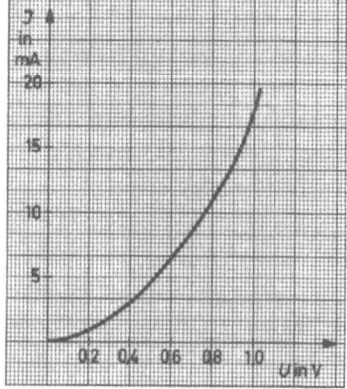

Bild 2-6

In der Durchlaßrichtung ist die Stromstärke nicht zur Spannung proportional.

Um in der Sperrichtung einen Strom nachweisen zu können, muß ein sehr kleiner Meßbereich gewählt werden (100 µA). Außerdem kann die Spannung wesentlich höher sein. Es ergibt sich die folgende Meßtabelle:

U in V	5	10	15	20	25
I in µA	3	8	16	28	51

Auch in Sperrichtung ergibt sich keine Proportionalität zwischen der Stromstärke und der Spannung. Der mathematische Zusammenhang ist in beiden Fällen wesentlich komplizierter.

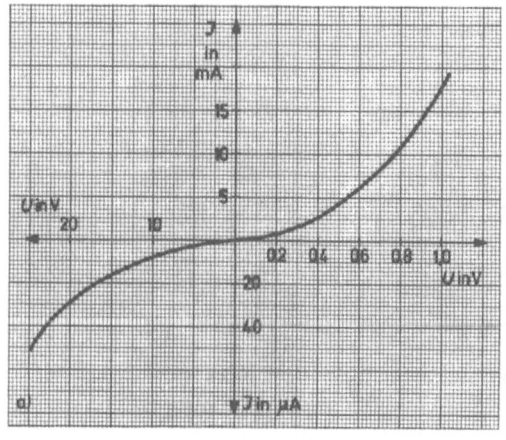
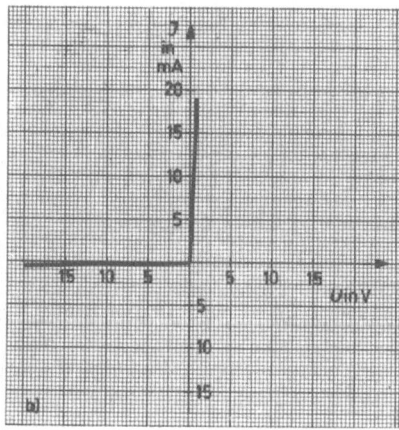

Bild 2-7. a) Eine Diodenkennlinie, b) Darstellung einer Diodenkennlinie bei gleichmäßig eingeteilten Achsen.

Bei der Darstellung der Diodenkennlinie ist es üblich, die Meßwerte in Durchlaßrichtung und in Sperrichtung in ein gemeinsames Diagramm einzutragen. Dazu ist es erforderlich, die Einteilung auf der Stromstärkeachse im Positiven und im Negativen unterschiedlich zu wählen (Bild 2-7a). Bei einer gleichmäßigen Einteilung beider Achsen ergibt sich in der graphischen Darstellung im Nullpunkt annähernd ein rechter Winkel (Bild 2-7b).

Wird die Diode in Sperrichtung geschaltet und vorsichtig erwärmt, so läßt sich ein Ansteigen des Sperrstroms bei konstanter Spannung zeigen. Diese Erscheinung ist auf die Paarbildung von Elektronen und Lücken in der Verarmungszone zurückzuführen. Die Verarmungszone wirkt etwa wie ein reiner Germaniumkristall, so daß der Versuch 1.11 auch mit einer in Sperrichtung geschalteten Diode durchgeführt werden könnte.

Die Diode wird in zahlreichen elektronischen Geräten benutzt. Zur Erklärung der Schaltung ist es meistens ausreichend, die beiden Zustände „leitend" und „nichtleitend" zu betrachten. Für diese Fälle kann die Halbleiterdiode mit einem Schalter verglichen werden (vgl. Bild 1-11). Ein Zahlbeispiel zeigt, daß sich der Widerstand der Diode beim Übergang von der Durchlaßrichtung zur Sperrichtung um mehr als 10000 fach vergrößert. So ergibt sich in Durchlaßrichtung bei einer Spannung von 1 V ein Widerstandswert von ungefähr 50 Ω, in Sperrichtung beträgt der Widerstandswert bei 10 V ungefähr 1300 kΩ.

2.2. Anwendungsbeispiele für die Halbleiterdiode

Dioden werden überwiegend zur Gleichrichtung von Wechselströmen benutzt. Im Versuch 1.5 wurde bereits die Gleichrichterwirkung mit einer Vakuumdiode gezeigt. Dieser Versuch kann mit einer Halbleiterdiode wiederholt werden. Da die Halbleiterdiode wesentlich kleiner ist und keine Heizenergie erfordert, wird sie meist der Vakuumdiode beim Einsatz in elektronischen Geräten vorgezogen. Deshalb wird im folgenden auch nur kurz von einer Diode gesprochen, wenn die Halbleiterdiode gemeint ist.

Die Gleichrichterwirkung einer einfachen Diodenschaltung ist noch sehr unvollkommen, wenn man die Gleichspannung einer Batterie mit der Spannung über dem Widerstand einer Gleichrichterschaltung vergleicht (Bild 2-8).

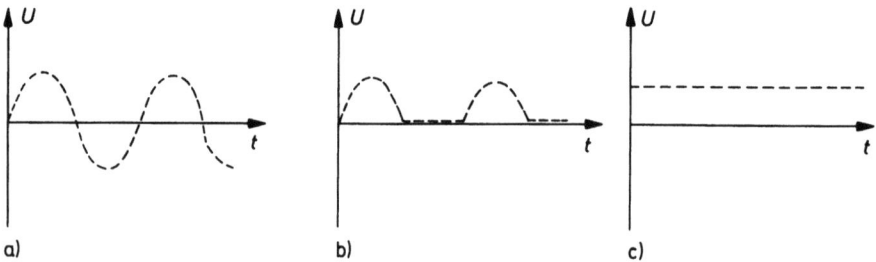

Bild 2-8. a) Zeitlicher Verlauf der Wechselspannung, b) zeitlicher Verlauf der Spannung bei einer einfachen Gleichrichterschaltung, c) zeitlicher Verlauf der Spannung einer Batterie.

Mit einem Kondensator läßt sich nun jedoch die „pulsierende" Gleichspannung „glätten", so daß bereits angenähert eine zeitlich konstante Spannung entsteht.

▲ *Versuch 2.3:* Es wird eine Schaltung nach dem Schaltplan von Bild 2-9 aufgebaut. Der Spannungsverlauf am Kondensator wird auf einem Oszillographen beobachtet.

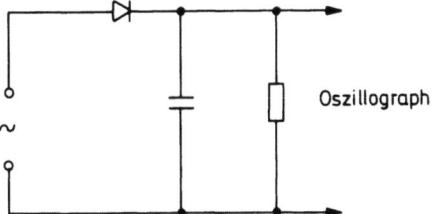

Bild 2-9

Mit einem Kondensator wird die pulsierende Gleichspannung geglättet.

Man erkennt auf dem Schirmbild des Oszillographen fast eine waagerechte Linie, nur noch eine geringe Welligkeit läßt auf die Herkunft aus einer Wechselspannungsquelle schließen.

Der Kondensator bewirkt die Glättung der Spannung. Ist die Diode bei der einen Halbwelle der Wechselspannung leitend, wird der Kondensator bis zum Maximalwert der Wechselspannung aufgeladen. Bei der nächsten Halbwelle der Wechselspannung würde nun ohne den Kondensator keine Spannung meßbar sein, da nun die Diode sperrt. Ist jedoch der Kondensator in die Schaltung eingebaut, entlädt er sich langsam über den Widerstand, bis er von der nächsten Halbwelle wieder auf die maximale Spannung aufgeladen wird. Der Vorgang ist in Bild 2-10 dargestellt.

Bild 2-10

Der aufgeladene Kondensator entlädt sich nur langsam, so daß fast eine konstante Spannung entsteht.

Zu einem noch besseren Gleichrichtereffekt gelangt man, wenn auch die Halbwelle ausgenutzt wird, bei der zuvor die Diode gesperrt war. Man spricht in diesem Fall von einer „Doppelweggleichrichtung". Die erforderliche Schaltung besteht aus vier Dioden, die so wie im Schaltplan von Bild 2-11 angeordnet werden. Die Schaltung wird **Brücken-** oder **Graetzschaltung** genannt.

▲ *Versuch 2.4:* An einer Graetzschaltung (Bild 2-11) wird die Spannung mit einem Oszillographen beobachtet.

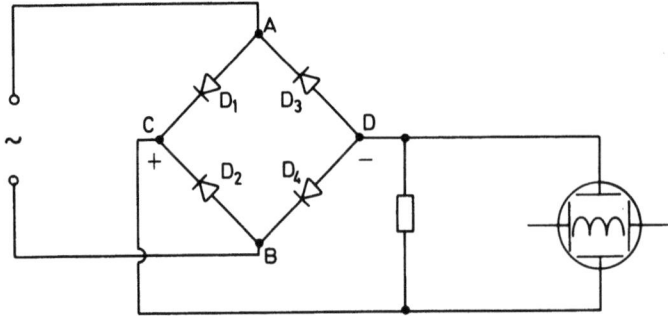

Bild 2-11. Gleichrichterwirkung von Dioden in einer Graetzschaltung.

Auf dem Oszillographen erkennt man eine pulsierende Gleichspannung, wobei nun die früheren Spannungslücken ebenfalls durch einen sinusförmigen Spannungsverlauf ausgefüllt sind. Der eine Teil der Wechselspannung erscheint „nach oben geklappt".
Wie arbeitet die Graetzschaltung? Ist die Polung der Wechselspannung so, daß bei Schaltpunkt A der positive und bei Schaltpunkt B der negative Pol liegt (vgl. Bild 2-11), so sind die Dioden D_3 und D_2 gesperrt und die Dioden D_1 und D_4 leitend. An die Schaltpunkte C und D gelangt die Spannung mit der in der Zeichnung eingetragenen Polung. Beim nächsten Teil der Sinuskurve ist A negativ und B positiv. Nun sind D_4 und D_1 gesperrt, und D_2 und D_3 sind leitend. Dadurch gelangt die Spannung mit der gleichen Polung an die Schaltpunkte C und D. Es entsteht die auf dem Oszillographen beobachtete pulsierende Gleichspannung mit den beiden sinusförmigen Teilen der Wechselspannung. Mit einem nachgeschalteten Glättungskondensator läßt sich eine Spannung erzeugen, die fast keine zeitliche Änderung ihrer Amplitude aufweist.
Der nächste Versuch zeigt ebenfalls ein Zusammenwirken von Dioden und Kondensatoren.

▲ *Versuch 2.5:* Zwei Kondensatoren werden hintereinandergeschaltet und über zwei entgegengesetzt geschaltete Dioden mit dem einen Pol einer Wechselspannungsquelle verbunden, der zweite Anschluß wird an die gemeinsame Verbindung der beiden Kondensatoren herangeführt (Bild 2-12).

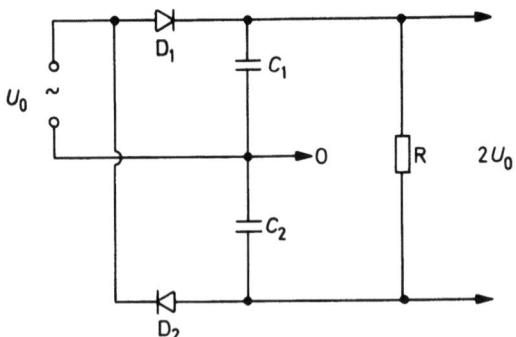

Bild 2-12

Am ohmschen Widerstand entsteht die doppelte Betriebsspannung.

Wird zunächst die Spannung an dem Kondensator mit der Kapazität C_1 gemessen, so zeigt das Spannungsmeßgerät die Betriebsspannung an, weil der Kondensator über die Diode D_1 mit dem einen Teil der sinusförmigen Wechselspannung aufgeladen wird. Für den zweiten Teil ist die Diode D_1 gesperrt. Dafür leitet nun jedoch die Diode D_2, wobei der Kondensator mit der Kapazität C_2 aufgeladen wird. Ein Spannungsmesser, der an diesen Kondensator angeschlossen wird, zeigt ebenfalls die Betriebsspannung an. An der Polung der gemessenen Spannung erkennt man, daß am Schaltpunkt O einmal der negative und einmal der positive Pol liegt. Deshalb addieren sich die Spannungen an den beiden Kondensatoren, so daß am Widerstand die doppelte Betriebsspannung nachgewiesen werden kann.

Die untersuchte Schaltung ist also in der Lage, Spannungen zu verdoppeln. Man wendet sie z.B. an, wenn ohne schwere Transformatoren eine höhere Spannung als die Betriebsspannung erzeugt werden soll.

Außer zur Gleichrichtung von Wechselströmen wird die Diode häufig zum Schutz anderer elektronischer Bauelemente eingesetzt. Bekanntlich entsteht beim Abschalten eines Elektromagneten aufgrund der Induktion eine Spannung, deren Größe ein Vielfaches der Betriebsspannung betragen kann. Diese hohe Spannung tritt nur für kurze Zeit auf. Dadurch können beim Abschalten eines Relais andere elektronische Bauelemente des Kreises zerstört werden. Mit einer Diode läßt sich diese „Abschaltspannung" unterdrücken (Bild 2-13).

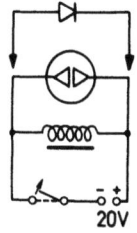

Bild 2-13
Mit einer Diode wird die Induktionsspannung beim Ausschalten unterdrückt.

▲ *Versuch 2.6:* Eine Glimmlampe wird parallel zu einer Spule mit Eisenkern geschaltet und über einen Schalter an eine Spannungsquelle von etwa 20 V angeschlossen.

Beim Einschalten leuchtet die Glimmlampe nicht, weil die Zündspannung der Glimmlampe viel höher als die Betriebsspannung ist. Wird nun der Schalter geöffnet, bricht das in der Spule vorhandene Magnetfeld zusammen. Es entsteht eine hohe Induktionsspannung, so daß die Glimmlampe kurz aufleuchtet.

Parallel zur Glimmlampe wird nun eine Diode in Bezug auf die Betriebsspannung in Sperrrichtung geschaltet. Sie ist nichtleitend, wenn der Schalter geschlossen wird, und „stört" daher nicht den elektrischen Aufbau. Da jedoch die Induktionsspannung beim Abschalten mit umgekehrter Polarität als die Betriebsspannung auftritt, ist die Diode beim Abschalten in Durchlaßrichtung geschaltet. Sie ist leitend und schließt damit die Glimmlampe kurz. Man beobachtet deshalb kein Aufleuchten der Glimmlampe mehr. Im allgemeinen wird deshalb in einer elektronischen Schaltung zu einem Relais eine Diode parallel geschaltet.

2.3. Einfache Versuche mit einem Transistor

Zu den wichtigsten Halbleiterbauelementen zählt der **Transistor**. Er wird mit unterschiedlichen Funktionen z. B. in Rundfunkgeräten, Verstärkern und Fernsehgeräten benutzt (Bild 2-14).

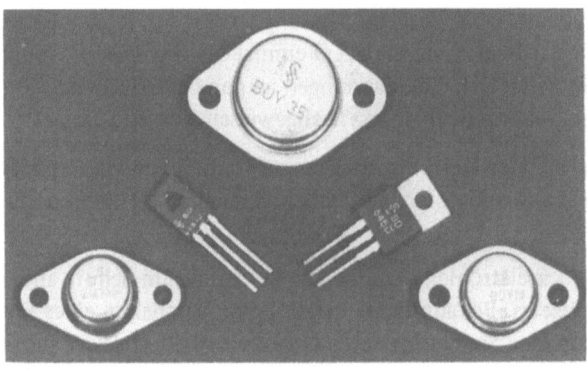

Bild 2-14
Einige Transistoren für verschiedene Anwendungsbereiche.

Der Transistor ist von den Physikern Shockley, Bardeen und Brattain im Jahre 1948 entdeckt worden. Heute werden mehr als 100 Millionen Transistoren pro Jahr in den verschiedensten Bauformen hergestellt. Die Entwicklung weiterer, spezieller Transistoren ist auch heute noch Gegenstand der Forschung.

Ein erster (äußerlicher) Unterschied gegenüber den bisher besprochenen Bauelementen besteht darin, daß der Transistor drei elektrische Anschlüsse besitzt. Sie haben die Bezeichnung Basis (B), Emitter (E) und Kollektor (C). Als Schaltsymbol wird das folgende Zeichen benutzt: B─⊗$_E^C$.

Das elektrische Verhalten eines Transistors soll nun untersucht werden. Zunächst werden nur jeweils zwei Transistoranschlüsse in einen Stromkreis eingebaut. Der dritte Anschluß bleibt unbeschaltet.

▲ *Versuch 2.7:* Ein Transistor wird mit je zwei seiner Anschlüsse über eine Glühlampe an eine Batterie angeschlossen. Bei jedem Teilversuch wird die Polung der Batterie einmal vertauscht (Bild 2-15).

Bei allen sechs verschiedenen Anschlußmöglichkeiten wird die Glühlampe beobachtet. Das Ergebnis der Beobachtung ist in Tabelle 2.1 zusammengefaßt.

Tabelle 2.1

Batterie		Glühlampe leuchtet
+	−	
E	B	nein
B	E	ja
E	C	nein
C	E	nein
B	C	ja
C	B	nein

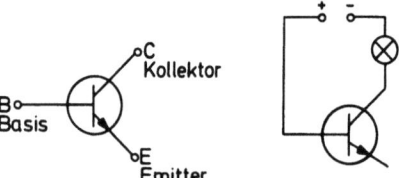

Bild 2-15. Nur wenn die Basis des Transistors an den positiven Pol der Batterie angeschlossen ist, leuchtet die Glühlampe auf.

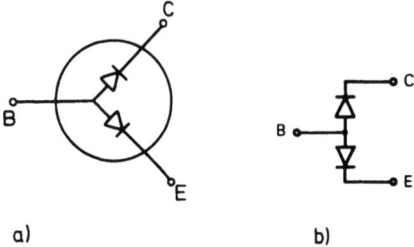

Bild 2-16. a) Die Diodenstrecken bei einem Transistor, b) ein einfaches Ersatzschaltbild für einen Transistor.

Aus der Tabelle erkennt man: Die Basis-Emitter-Strecke wirkt wie eine Diode. Ist die Basis an den positiven Pol angeschlossen, so ist die Strecke Basis-Emitter leitend, bei umgekehrter Polung ist sie gesperrt. Auch die Basis-Kollektor-Strecke hat die Eigenschaft einer Diode, wie aus den beiden letzten Zeilen der Tabelle hervorgeht.

Ergebnis: Es fließt nur dann ein Strom, wenn die Basis des Transistors an den positiven Pol der Batterie angeschlossen wird.

Die im Versuch 2.7 herausgefundenen Eigenschaften eines Transistors können in einem „Ersatzschaltbild" zusammengefaßt werden (Bild 2-16b). Aus dieser Darstellung geht auch hervor, daß – unabhängig von der Polung der Batterie – in der Emitter-Kollektor-Strecke kein Strom fließen kann. Immer ist eine der beiden Dioden in Sperrichtung geschaltet.

Das entwickelte Ersatzschaltbild für einen Transistor beschreibt nur ein Merkmal des Transistors. Da bisher stets ein Anschluß frei war, ist die wesentliche Eigenschaft des Transistors noch nicht zu beobachten gewesen.

▲ *Versuch 2.8:* Mit einem Transistor werden zwei Stromkreise aufgebaut. In den ersten Stromkreis ist die Basis-Emitter-Strecke eingeschaltet. Der zweite Stromkreis verbindet den Emitter mit dem Kollektor (Bild 2-17).

Bei geöffnetem Schalter in der Basiszuleitung sind beide in die Stromkreise eingeschalteten Glühlampen dunkel. Wird nun der Basis-Emitter-Stromkreis geschlossen, leuchten beide Glühlampen hell auf. Daß die Glühlampe in der Basiszuleitung aufleuchtet, geht bereits aus dem Versuch 2.7 hervor. In dieser neuen Schaltung ist die Basis an den positiven Pol angeschlossen. Überraschend hingegen ist, daß auch die Emitter-Kollektor-Strecke leitend geworden ist.

Man erkennt: Die Leitfähigkeit der Emitter-Kollektor-Strecke kann von der Basis beeinflußt werden. Diese Strecke läßt sich mit einem Schalter vergleichen: Der Schalter hat den Zustand „ein", wenn die Basis an dem positiven Pol der Batterie liegt. Der Schalter hat den Zustand „aus", wenn die Basis nicht angeschlossen ist oder wenn die Basis mit dem Minuspol verbunden wird (was ebenfalls im Versuch 2.8 gezeigt werden kann).

Ergebnis: Die Emitter-Kollektor-Strecke wird dann leitend, wenn die Basis mit dem positiven Pol der Batterie verbunden wird (Bild 2-18).

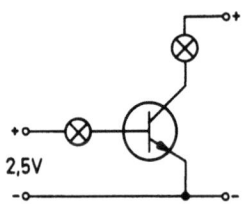
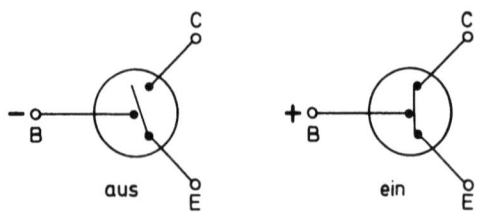

Bild 2-17. Schaltplan zum Grundversuch am Transistor.

Bild 2-18. Die Wirkungsweise eines Transistors läßt sich mit der eines Schalters vergleichen.

Es ist unzweckmäßig und auch unnötig, den Transistor mit zwei Batterien zu betreiben. Da die Spannung an der Basis von Versuch 2.8 kleiner als die Spannung zwischen Emitter und Kollektor ist, kann die erforderliche Emitter-Basis-Spannung durch einen Spannungsteiler erzeugt werden.

▲ *Versuch 2.9:* Mit einem Spannungsteiler zur Erzeugung der Basisspannung wird die „Schalterwirkung" des Transistors noch einmal untersucht. Die Schaltung wird durch einen Strommesser in der Basiszuleitung und einen Strommesser in der Kollektorleitung ergänzt (Bild 2-19).

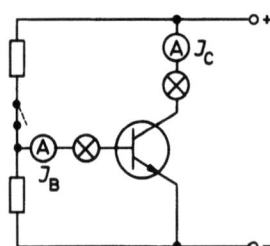

Bild 2-19

Mit einem schwachen Basisstrom wird ein stärkerer Kollektorstrom gesteuert.

Beobachtung: Wird der Schalter in der Basiszuleitung geschlossen, leuchtet die Glühlampe in der Kollektorzuleitung auf. An den Meßinstrumenten erkennt man, daß die Stromstärke I_B des Basisstroms ungefähr um den Faktor 100 kleiner ist, als die Stromstärke I_C in der Kollektorzuleitung. Man mißt z. B. I_B = 3,5 mA und I_C = 400 mA. Der Stromstärkevergleich zeigt eine weitere Besonderheit der Schalterwirkung des Transistors: Der „Schaltstrom" oder „Steuerstrom" (I_B) kann sehr viel schwächer sein, als die Stromstärke (I_C) in dem geschalteten Stromkreis.

Die untersuchte Wirkungsweise des Transistors legt einen Vergleich mit einem Relais nahe. Dort kann ebenfalls mit einem schwachen Erregerstrom in der Spule des Relais ein Stromkreis mit großer Stromstärke über den Anker des Relais geschaltet werden (Bild 2-20).
In vielen elektronischen Schaltungen läßt sich das Relais durch einen Transistor ersetzen. Der Transistor hat den Vorteil, daß er keine mechanisch bewegten Teile (Anker des Relais)

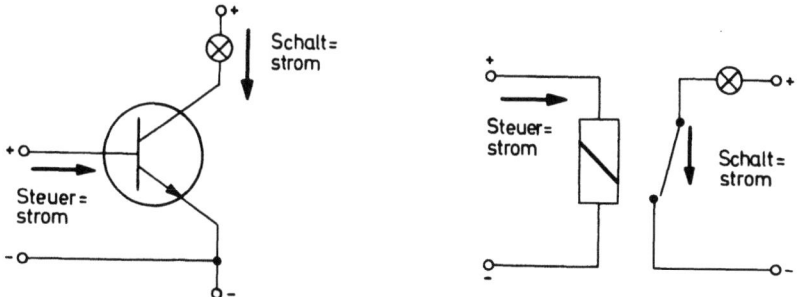

Bild 2-20. Der Transistor arbeitet wie ein Relais.

enthält. Dadurch kann der Schaltvorgang wesentlich schneller ausgeführt werden, und es treten praktisch keine Verschleißerscheinungen auf.

Im Abschnitt 2.5 werden Anwendungen des Transistors als Schalter untersucht. Zunächst soll jedoch geklärt werden, warum ein Transistor das soeben beobachtete Verhalten zeigt.

2.4. Erklärung der Wirkungsweise eines Transistors

Der Transistor besteht aus einer Aufeinanderfolge von drei verschieden dotierten Halbleiterkristallen. Es soll die elektrische Eigenschaft eines npn-Transistors untersucht werden. Dieser Transistortyp besteht aus einer n-dotierten, einer p-dotierten und einer n-dotierten Schicht. Die sind angeordnet, wie es Bild 2-21 schematisch zeigt. Da der Transistor aus zwei pn-Übergängen besteht, entstehen an den Übergangsstellen Verarmungszonen. Diese bestimmen die Wirkungsweise des Transistors.

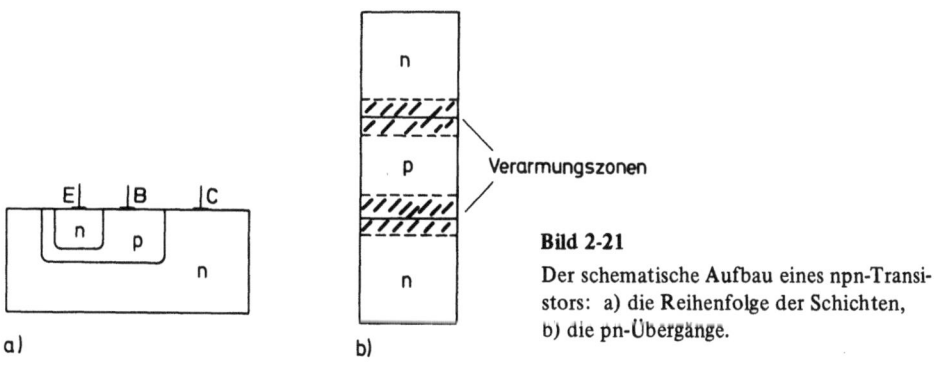

Bild 2-21
Der schematische Aufbau eines npn-Transistors: a) die Reihenfolge der Schichten, b) die pn-Übergänge.

Aufgrund der im Transistor vorhandenen pn-Übergänge wird verständlich, daß ein Transistor sich wie eine Diode verhalten kann. Wird z.B. die p-dotierte Schicht mit dem Pluspol und eine der n-dotierten Schichten mit dem Minuspol einer Batterie verbunden, so wird die zugehörige Verarmungszone mit Ladungsträgern überschwemmt. Dadurch wird dieser pn-Übergang leitend. Polt man die Batterie um, so tritt eine Verbreiterung der Verarmungszone auf. Der pn-Übergang ist nicht leitend.

Was geschieht nun, wenn der Transistor wie im Versuch 2.8 an zwei Batterien angeschlossen wird (Bild 2-22)? Der pn-Übergang zwischen der Basis und dem Emitter wird aufgrund der Polung der Batterie leitend, es ist keine Verarmungszone mehr vorhanden. Zwischen der Basis und dem Kollektor liegt ebenfalls eine Spannung. Die Basis-Emitter-Spannung beträgt 2 V, die Emitter-Kollektor-Spannung aber 5 V. Daher besteht zwischen der Basis und dem Kollektor eine Spannung von 3 V, wobei die Basis negativ gegenüber dem Kollektor ist. Der zugehörige pn-Übergang ist nichtleitend, weil bei dieser Polung der Spannung eine breite Verarmungszone vorhanden ist (Bild 2-23).

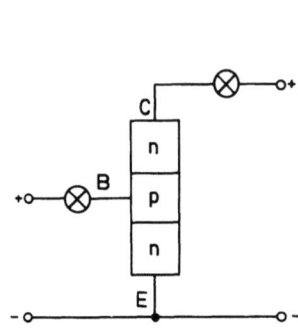
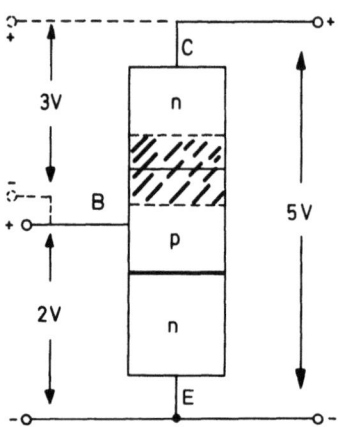

Bild 2-22
Der elektrische Anschluß eines npn-Transistors.

Bild 2-23
Bei der eingetragenen Polung ist der eine pn-Übergang leitend, der andere gesperrt.

Zur Erklärung, warum zwischen dem Emitter und dem Kollektor trotzdem ein Strom fließen kann, soll zur Vereinfachung lediglich die Bewegung der Elektronen betrachtet werden. Die frei beweglichen Elektronen in der Emitterschicht werden durch die positive Aufladung der Basis angezogen und bewegen sich in Richtung auf die Basisschicht. Dabei erreichen sie eine so große Geschwindigkeit, daß sie aufgrund ihrer Trägheit nicht alle vom Basisanschluß aufgenommen werden, sondern sich durch die Schicht hindurch weiterbewegen. Ist die Basisschicht dünn, so gelangen sie in die Verarmungszone zwischen Basis und Kollektor. Dadurch wird diese Verarmungszone durch geladene Teilchen angereichert: es kann ein Strom zwischen dem Emitter und dem Kollektor entstehen.

Die Basisschicht wird bei der Herstellung der Transistoren so dünn ausgeführt (Bild 2-24), daß fast alle Teilchen in die Verarmungszone zwischen Basis und Kollektor eindringen. Nur wenige „biegen" zum Anschluß der Basis ab. Das zeigt sich im Versuch 2.9 daran, daß nur ein schwacher Basisstrom gegenüber dem stärkeren Kollektorstrom gemessen wird.

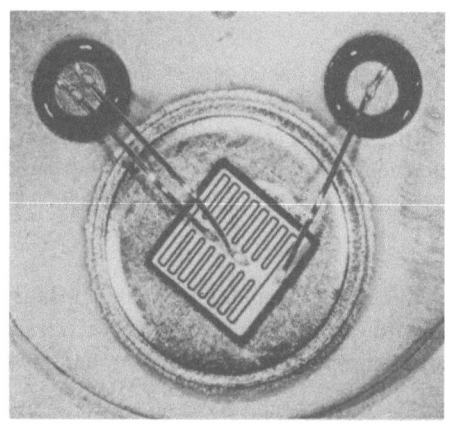

Bild 2-24
Technische Ausführung eines npn-Transistors.

Die Bewegung der Elektronen von der Emitterschicht zur Basisschicht entsteht erst aufgrund der positiven Spannung an der Basis. Daher kann erst dann ein Emitter-Kollektor-Strom fließen, wenn die Basis an den positiven Pol einer Batterie angeschlossen wird.

Diese Erklärung der Transistorwirkung geht davon aus, daß sich der Emitterstrom in der Basisschicht verzweigt. Ein Teil fließt weiter zum Kollektor, der andere (kleinere) Teil fließt zur Basis hin ab. Daher muß die Emitterstromstärke I_E gleich der Summe aus Basisstromstärke I_B und Kollektorstromstärke I_C sein, $I_E = I_B + I_C$. Diese Folgerung soll in dem nächsten Versuch bestätigt werden.

▲ *Versuch 2.10:* Bei einem Transistor werden gleichzeitig die Emitter-, die Basis- und die Kollektorstromstärke gemessen.

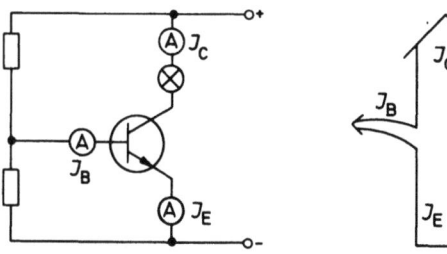

Bild 2-25
Der Kollektorstrom ist fast genauso stark wie der Emitterstrom.

Die Beobachtung der Meßinstrumente zeigt, daß der Kollektorstrom fast genauso stark ist wie der Emitterstrom (Bild 2-25). Da die Basisstromstärke im Vergleich sehr viel kleiner ist, kann der geringe Unterschied zwischen I_E und I_C meistens nicht an den Meßinstrumenten abgelesen werden. Würde man sehr genaue Instrumente verwenden, so könnte man die Beziehung $I_E = I_B + I_C$ genau bestätigen.

2.5. Der Transistor als Schalter

Die ersten Versuche mit einem Transistor im Abschnitt 2.3 haben gezeigt, daß man seine Wirkungsweise mit der eines Relais vergleichen kann. Die Emitter-Kollektor-Strecke arbeitet wie ein Schalter, der durch die Basis-Emitter-Strecke geöffnet oder geschlossen werden kann. Es sollen nun einige Beispiele untersucht werden, bei denen der Transistor als Schalter benutzt wird. In einem Vorversuch werden zunächst die „Betriebsdaten" für diesen „elektronischen Schalter" ermittelt.

▲ *Versuch 2.11:* Es wird eine Transistorschaltung mit einem Spannungsteiler an der Basis aufgebaut. Zwischen dem Emitter und der Basis wird ein Regelwiderstand eingesetzt, so daß die Spannung U_{BE} zwischen Basis und Emitter zu verändern ist. Ein Spannungsmesser zeigt die Spannung U_{BE} an.

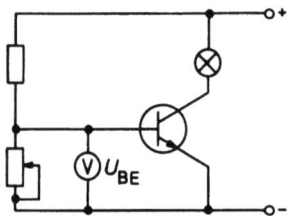

Bild 2-26

Untersuchung, bei welcher Basis-Emitter-Spannung der Transistor leitend wird.

Die Glühlampe in der Kollektorleitung wird für verschiedene Basis-Emitter-Spannungen beobachtet (Bild 2-26). Dabei zeigt sich: Die Helligkeit der Glühlampe ändert sich nicht, wenn die Spannung U_{BE} zwischen den Werten 3 V und 2 V verändert wird. Verkleinert man U_{BE} noch weiter, so wird bei etwa 0,5 V die Glühlampe dunkler. Schließlich leuchtet sie gar nicht mehr, wenn die Spannung U_{BE} unter 0,4 V liegt. Im Bereich von 0 V bis 0,4 V ist die Emitter-Kollektor-Strecke nicht leitend, der Transistor sperrt. Oberhalb von 0,5 V ist der Transistor leitend. Die Emitter-Kollektor-Strecke verhält sich wie ein geschlossener Schalter.

In den folgenden Experimenten soll der Übergangsbereich zwischen 0,4 V und 0,5 V nicht betrachtet werden. Der Transistor besitzt dann nur die Zustände „leitend" und „gesperrt". Der Transistor verhält sich dann wie ein Schalter. Damit lassen sich bereits zahlreiche elektronische Schaltungen erklären, wie z.B. eine elektronische Lichtschranke oder ein elektronischer Temperaturwächter.

Bei Lichtschranken unterscheidet man den „Hellbetrieb" und den „Dunkelbetrieb":

▲ *Versuch 2.12:* Vor die Basis eines Transistors wird ein Spannungsteiler aus einem Fotowiderstand und einem ohmschen Widerstand gelegt. In den Kollektorkreis wird ein Motor geschaltet, der z.B. eine automatische Türöffnung antreiben könnte. Für den Spannungsteiler ergeben sich die folgenden beiden Schaltmöglichkeiten:
a) Der Fotowiderstand liegt zwischen der Basis und dem Minuspol der Batterie (Bild 2-27a),
b) der Fotowiderstand liegt zwischen der Basis und dem Pluspol der Batterie (Bild 2-27b).

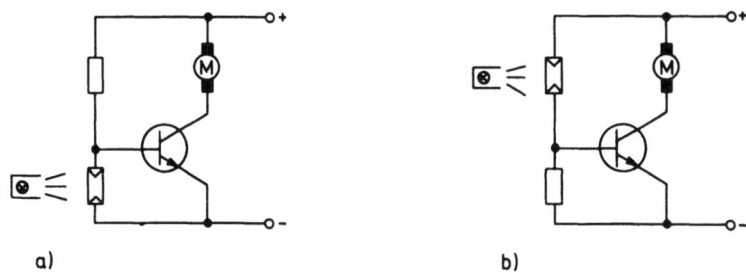

Bild 2-27. Schaltung einer elektronischen Lichtschranke: a) Dunkelbetrieb, b) Hellbetrieb.

Es wird zunächst der erste Fall untersucht, und der Fotowiderstand wird beleuchtet. Man beobachtet, daß die Achse des Motors stillsteht. Wird nun in den Lichtweg zwischen Lampe und Fotowiderstand ein Gegenstand gehalten, so dreht sich die Motorachse. Das Gerät (Motor) ist bei verdunkeltem Fotowiderstand in Betrieb, daher spricht man von einer „Dunkelschaltung".

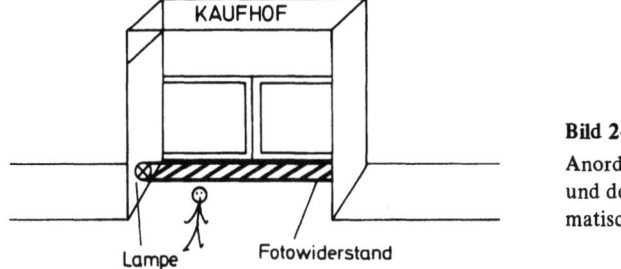

Bild 2-28

Anordnung des Fotowiderstandes und der Lichtquelle bei einer automatischen Türöffnung.

Das Verhalten dieser Dunkelschaltung läßt sich erklären, wenn man die Spannung U_{EB} an der Basis betrachtet. Fällt Licht auf den Fotowiderstand, ist sein Widerstandswert klein. Dann ist die Emitter-Basis-Spannung U_{EB} unter 0,4 V. Daher sperrt der Transistor, und durch den Motor kann kein Strom fließen. Die Spannung U_{EB} wird erheblich größer, wenn der Fotowiderstand abgedunkelt wird. Dann hat er einen sehr großen Widerstandswert. Dadurch wird der Transistor leitend und die Motorachse dreht sich.

Bei der zweiten Schaltmöglichkeit für den Spannungsteiler (der Fotowiderstand liegt zwischen der Basis und dem Pluspol) erhält man genau das umgekehrte Ergebnis. Die Achse des Motors dreht sich nur dann, wenn Licht auf den Fotowiderstand fällt. Deshalb heißt diese Schaltung „Hellschaltung". Bei der Hellschaltung ist die Spannung U_{EB} bei beleuchtetem Widerstand größer als 0,5 V. Dann ist der Transistor leitend und der Motor eingeschaltet. Denn wenn Licht auf den Fotowiderstand trifft, ist sein Widerstandswert sehr viel kleiner als der vom Widerstand zwischen Emitter und Basis.

Bei Dunkelheit hat der Emitter-Basis-Widerstand einen sehr viel kleineren Wert als der Fotowiderstand. Also ist die Spannung U_{EB} sehr klein und der Transistor sperrt. Der Motor ist abgeschaltet. Die Hellschaltung kann z.B. zum automatischen Öffnen von Garagentoren durch das Licht der Autoscheinwerfer benutzt werden.

Bei elektronischen Temperaturschaltern wird fast die gleiche Schaltung wie bei der Lichtschranke verwandt. Es wird nur statt eines lichtempfindlichen Bauelements ein Heißleiter in den Spannungsteiler eingebaut.

▲ *Versuch 2.13:* Im Versuchsaufbau von 2.12 wird der Fotowiderstand durch einen Heißleiter ersetzt (Bild 2-29).

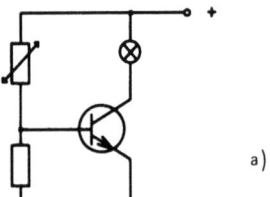
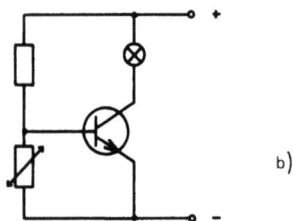

Bild 2-29. Schaltung eines Temperaturwächters: a) Die Warnlampe leuchtet bei Überhitzung auf, b) die Warnlampe leuchtet bei Unterkühlung auf.

Liegt der Heißleiter zwischen der Basis und dem Pluspol, so leuchtet die Lampe bei der Erwärmung des Heißleiters auf. Das Gerät kann z.B. als Feuermelder eingesetzt werden. Wird der Heißleiter zwischen die Basis und den Minuspol geschaltet, so leuchtet die Lampe nur auf, wenn der Heißleiter kalt ist.

Die Erklärung der Wirkungsweise der Schaltungen kann genau wie bei der Lichtschrankenschaltung erfolgen. Im kalten Zustand hat der Heißleiter einen großen Widerstandswert, bei Erwärmung wird der Wert immer kleiner, so daß insgesamt die Emitter-Baiss-Spannung ebenfalls zwischen 0,3 V und 2,0 V verändert werden kann.

Man könnte auf den Gedanken kommen, daß sich die Schaltungen auch ohne einen Transistor nur mit einem Heißleiter bzw. einem Fotowiderstand herstellen ließen. Das geht aber nicht. Der Transistor ist in den Schaltungen erforderlich, weil der Betriebsstrom für die zu schaltenden Geräte fast immer größer ist, als die maximal zulässige Stromstärke durch den Fotowiderstand oder den Heißleiter. Die dargestellten Schaltungen werden daher auch „Schaltverstärker" genannt.

Neben licht- und temperaturempfindlichen Bauelementen können in den Spannungsteiler vor der Basis auch andere „Meßfühler" eingesetzt werden, z.B. ein Mikrofon für den Schall, ein „Hallgenerator" zur Anzeige von Magnetfeldern oder Bauelemente, bei denen eine Druckänderung Widerstandsänderungen hervorruft.

3. Zuordner-Schaltungen (Satz)

3.1. Analoge und digitale Messung

Eine wichtige Aufgabe in der Technik ist das Erfassen und Aufzeichnen von Meßdaten. In einer Wetterstation z. B. werden ständig die Temperatur, der Luftdruck und viele weitere Größen gemessen und registriert. In einem Elektrizitätswerk müssen die Netzspannung und die Frequenz fortlaufend gemessen und kontrolliert werden.

Die Anzeige (und auch die weitere Verarbeitung) eines Meßwertes kann grundsätzlich auf zwei verschiedene Arten erfolgen. So wird z. B. die Uhrzeit überwiegend von einer Skala abgelesen, über die sich die Uhrzeiger kontinuierlich bewegen. Doch auch „Digitaluhren" werden benutzt (Bild 3-1). Bei diesem Uhrentyp wird die Uhrzeit direkt als Zahlenwert in einem Sichtfeld angezeigt.

Bild 3-1

Die Uhrzeit kann analog oder digital angezeigt werden (Foto Siemens).

Der Kilometerzähler in einem Auto zeigt die zurückgelegte Strecke durch einen Zahlenwert an. Dagegen wird die Geschwindigkeit am Tachometer durch einen Zeiger angegeben, der sich über eine Skala bewegt.

Wodurch unterscheiden sich die beiden Anzeigemöglichkeiten? Wird der Meßwert durch eine Zahl angezeigt, so ändert sich der Anzeigewert sprunghaft. Bei der Digitaluhr springt die Anzeige von $\boxed{13\,|\,24}$ auf $\boxed{13\,|\,25}$. Es gibt keine Zwischenstellungen. Man nennt
               Std. Min.   Std. Min.

eine solche Anzeige „digital"[1]. Liest man jedoch von einer Skala mit einem Zeiger die Uhrzeit ab, so sind auch Zwischenwerte vorhanden. Der Zeiger überstreicht die Skala stetig. Diese Anzeigeart heißt „analog"[2].

---

[1] digitus (lat.), der Finger

[2] (griech.), entsprechend

Auch bei Geräten kann man davon sprechen, daß sie digital arbeiten oder analog betrieben werden. Beim Klavier z. B. kann die Tonhöhe nur sprunghaft geändert werden, die Geige hingegen ist ein „analoges" Instrument, da alle Zwischentöne erzeugt werden können. Tabelle 3.1 enthält einige weitere Beispiele.

Tabelle 3.1

digital	analog
Klavier	Geige
Kilometerzähler	Tachometer
Fernanzeige der Liednummern in der Kirche	Kirchturmuhr Massenanzeige an der Schalenwaage
Preisanzeige an der Ladenkasse	

Sowohl die analoge als auch die digitale Messung haben Vor- und Nachteile. Bei einer analogen Messung erfordert das Ablesen einige Übung. Sieht man nämlich schräg auf die Skala, so wird ein falscher Wert abgelesen. Nur bei senkrechter Beobachtung wird das Ableseergebnis richtig. Auch das Abschätzen eines Zwischenwertes erfordert Erfahrung. Andererseits ist es möglich, bei einer analogen Anzeige die Umgebung des Meßwertes und den Einstellvorgang des Zeigers zu beobachten.

Bei der Digitalanzeige ist das Ablesen des Meßwertes „narrensicher". Die Umgebung des Meßwertes ist jedoch nicht zu erkennen, da nur eine Zahl in dem Sichtfeld erscheint.

Ein digital arbeitender Spannungsmesser zeigt z.B. nur die Werte 0 V, 1 V, 2 V usw. an (Bild 3-2). Er „quantisiert" die Meßgröße. So werden in dem gezeichneten Beispiel alle Meßwerte zwischen 2 V und 3 V dem Anzeigewert 2 V zugeordnet. Die „Schrittweite" beträgt im Beispiel 1 V, sie ist ein Maß für die Genauigkeit der Anzeige.

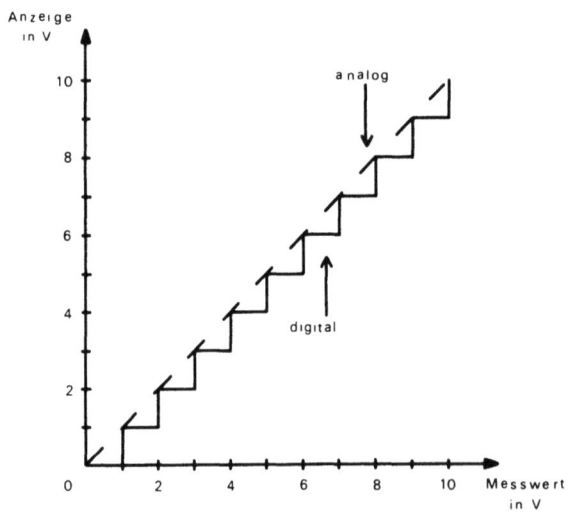

Bild 3-2
Analoge und digitale Spannungsanzeige

Das bequeme Ablesen ist ein Grund, warum in immer stärkerem Maße Digitalanzeiger benutzt werden. Auch die Verarbeitung und Speicherung von Meßwerten, z.B. in Computern, wird überwiegend digital vorgenommen. Deshalb hat die damit verbundene Elektronik, die „Digitalelektronik", zunehmend an Bedeutung gewonnen.

Eine Digitalanzeige läßt sich auch mechanisch leicht erreichen. Ein Beispiel ist das Rollenzählwerk, wie es z.B. bei dem Kilometerzähler im Auto benutzt wird. Jede Rolle enthält die Ziffern von 0 bis 9, so daß je nach Stellung der einzelnen Rollen die Anzahl der gefahrenen Kilometer im Sichtfeld erscheint (Bild 3-3).

Bild 3-3

Digitalanzeige durch ein Rollenzählwerk (Foto Siemens).

Elektrische Schaltungen, die zehn verschiedene Zustände annehmen können, gibt es kaum. Für die elektrische Verarbeitung digitaler Meßwerte verwendet man meist die Darstellung der Zahlen im Dualsystem. Dafür sind nur zwei Zeichen „O" und „L" erforderlich. Somit können bereits mit einem Schalter und einer Glühlampe die Dualzeichen dargestellt werden. Dabei kann man die folgende Zuordnung treffen (Bild 3-4):

| Glühlampe dunkel | keine Spannung an der Glühlampe | O |
| Glühlampe hell | Spannung an der Glühlampe | L |

Schaltet man mehrere Schalter zu einem „Register" zusammen, so kann man auch mehrstellige Zahlen darstellen. An der Kombination der leuchtenden Lampen läßt sich die Zahl ablesen.

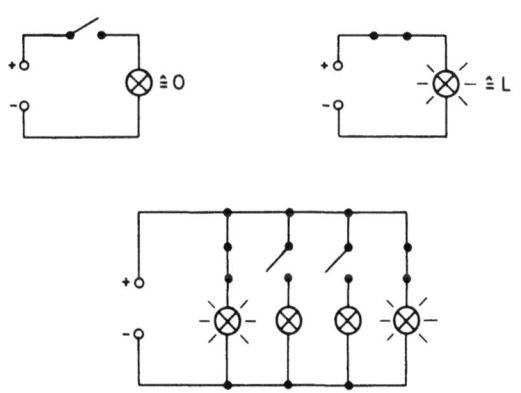

Bild 3-4

Elektrische Darstellung der dualen Zahlzeichen.

3.2. Die Umkehrstufe und die Regenerationsstufe

Wird der Transistor als Schalter verwendet, so handelt es sich um ein digital arbeitendes Bauelement. Er kann die beiden Zustände „leitend" und „nichtleitend" annehmen. In einer Transistorschaltung können daher einzelne Punkte der Schaltung zwei verschiedene Zustände erhalten.

Es ist üblich, den Zustand eines Schaltpunktes durch seine Spannung gegenüber einem Bezugspunkt zu beschreiben. Experimentell läßt sich dann der Zustand eines Schaltpunktes mit einem Spannungsmesser untersuchen. Der nächste Versuch erläutert diese Beschreibungsart.

▲ *Versuch 3.1:* Ein Widerstand ist über einen Schalter mit einer Batterie verbunden. Der Zustand des Schaltpunktes A (Bild 3-5) wird mit einem Spannungsmesser untersucht.

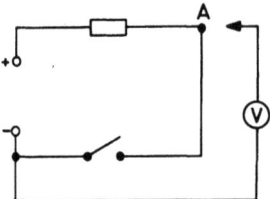

Bild 3-5
Der Zustand eines Schaltpunktes wird mit einem Spannungsmesser untersucht.

Als Bezugspunkt für die Spannungsmessung wird der Minuspol der Batterie gewählt. Man erkennt am Meßgerät: Bei geöffnetem Schalter wird eine Spannung angezeigt. Bei geschlossenem Schalter ist kein Zeigerausschlag vorhanden. Die beiden möglichen Zustände für den Schaltpunkt A sind daher „Spannung vorhanden" und „keine Spannung vorhanden". Zur einfacheren Beschreibung sollen dafür die Zeichen „L" und „O" benutzt werden. Die Tabelle 3.2 gibt einen Überblick über das elektrische Verhalten der Schaltung.

Tabelle 3.2

Schalterstellung	Anzeige am Spannungsmesser	Zustand des Schaltpunktes A
aus	Spannung vorhanden	L
ein	keine Spannung vorhanden	O

Da bei einer Transistorschaltung der Zustand „der Transistor ist nicht leitend" für einen Spannungsbereich z. B. von 0 V bis 0,4 V gilt, wird diesem ganzen Spannungsbereich der Zustand „O" zugeordnet. Auch der Zustand „der Transistor leitet" gilt für einen Spannungsbereich. Hier soll dem Bereich von 2,4 V bis 5,0 V der Zustand „L" zugeordnet werden (Tabelle 3.3).

Tabelle 3.3

Zustände	Spannungen	Zeichen
Zustand 1	0 V bis 0,4 V	O
Zustand 2	2,4 V bis 5,0 V	L

Mit den soeben getroffenen Festsetzungen ergibt sich eine besonders einfache und übersichtliche Beschreibung für digital arbeitende Transistorschaltungen. Dies soll an einem einfachen Beispiel gezeigt werden.

▲ *Versuch 3.2:* Es wird die Schalterwirkung des Transistors am Versuchsaufbau nach Bild 3-6 untersucht. Beobachtet wird der Zustand des Schaltpunktes Q (Ausgang der Schaltung) in Abhängigkeit vom Zustand des Schaltpunktes A (Eingang der Schaltung).

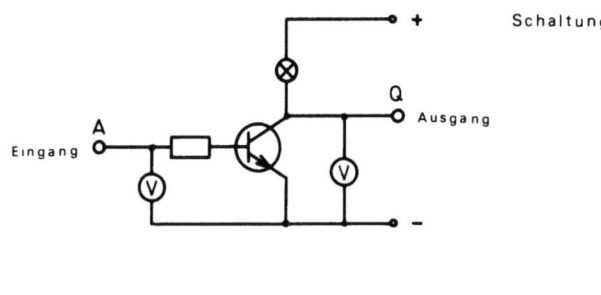

Bild 3-6
Experimentelle Untersuchung einer Umkehrstufe.

An den Spannungsmessern am Eingang und Ausgang der Schaltung wird der Zustand der beiden Schaltpunkte beobachtet. Der gemeinsame Bezugspunkt für die Spannungsmessung ist der Minuspol.

Beobachtung: Wird der Eingang mit dem Pluspol verbunden, so zeigt der zugehörige Spannungsmesser eine Spannung an (Zustand L). Am Ausgang zeigt das Meßgerät fast keinen Ausschlag (Zustand O). Verbindet man nun umgekehrt den Eingang mit dem Minuspol (Zustand O), so ergibt sich am Ausgang der Zustand L. Die Schaltung kann daher durch eine einfache Tabelle, in der die Zustände von Ein- und Ausgang aufgeführt sind, beschrieben werden (Tabelle 3.4).

Tabelle 3.4

Eingang A	Ausgang Q
O	L
L	O

Die Zuordnungstabelle für die untersuchte Schaltung zeigt, daß der Ausgang stets den „umgekehrten" Zustand wie der Eingang hat. Die Schaltung wird daher auch „Umkehrstufe" genannt. Man spricht auch von einer „Inverter"- oder „NICHT-Schaltung"[1]).

Bei der Untersuchung der Umkehrstufe sind die Spannungsmesser nur Hilfsgeräte, die die Zustände am Eingang und am Ausgang anzeigen. Die Umkehrstufe selbst arbeitet auch ohne Meßgeräte. Bild 3-6 zeigt den Schaltplan und das dafür benutzte Schaltzeichen.

---

[1]) Die Bezeichnung „NICHT-Schaltung" kommt von der Anwendung in logischen Schaltungen.

Eine weitere wichtige Schaltung der Digitalelektronik entsteht, wenn zwei Umkehrstufen hintereinander geschaltet werden.

▲ *Versuch 3.3:* Zwei Umkehrstufen werden hintereinander geschaltet. Die Zustände der Schaltpunkte A, A' und Q werden mit Meßinstrumenten untersucht (Bild 3-7).

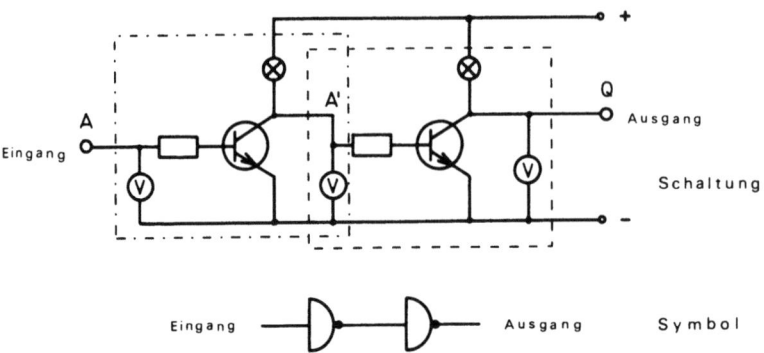

Bild 3-7. Zwei nacheinander geschaltete Umkehrstufen bilden eine Regenerationsschaltung.

Die Abhängigkeit des Zustandes am Ausgang Q vom Zustand am Eingang A wird beobachtet und das Ergebnis in Tabelle 3.5 zusammengefaßt. In der Tabelle wird auch der Zustand des Schaltpunktes A' aufgeführt, der als Ausgang der ersten Umkehrstufe und als Eingang der zweiten angesehen werden kann.

Tabelle 3.5

1. Umkehrstufe		2. Umkehrstufe	
Eingang A	(Ausgang A')	(Eingang A')	Ausgang Q
O	L	L	O
L	O	O	L

Ergebnis: Am Ausgang Q ist stets der gleiche Zustand wie am Eingang A.

Die Wirkungsweise der Schaltung ist durch das Verhalten der Umkehrstufen bestimmt. Am Ausgang A' der ersten Umkehrstufe erscheint der Eingangszustand „umgekehrt". Da der Schaltpunkt A' gleichzeitig der Eingang für die zweite Umkehrstufe ist, wird insgesamt zweimal umgekehrt. Am Ausgang Q stellt sich dann der gleiche Zustand wie am Eingang A ein.

Man könnte vermuten, daß die Schaltung keine Bedeutung hat, da der Eingangszustand und der Ausgangszustand stets übereinstimmen. Ein kleiner Zusatzversuch zeigt jedoch eine Anwendung der Schaltung. Wird nämlich am Eingang der Zustand L durch eine

Spannung von 2,4 V realisiert, zeigt das Meßinstrument am Schaltpunkt A' eine Spannung von 0,1 V. Bei diesem Spannungswert am Eingang der zweiten Umkehrstufe entsteht am Ausgang Q der Schaltung eine Spannung von 4,8 V. Der Zustand „L" ist „regeneriert" worden. Denn bei 2,4 V ist gerade die untere Grenze erreicht, für die noch der Zustand L gelten soll. Wäre die Spannung geringfügig kleiner, wäre am Eingang kein definierter Zustand mehr. Um zu vermeiden, daß — etwa durch weitere nachgeschaltete Bauelemente — die Spannung von 2,4 V noch weiter absinkt und damit in den „verbotenen" Bereich kommt, kann mit dieser „Regenerationsschaltung" der Zustand L mit einer Spannung von 4,8 V wieder voll erreicht werden. Bild 3-8 zeigt schematisch die Wirkung der Regenerationsschaltung. Der kritische Bereich um 2,4 V für den Zustand L wird in den sicheren Bereich von 4,8 V überführt.

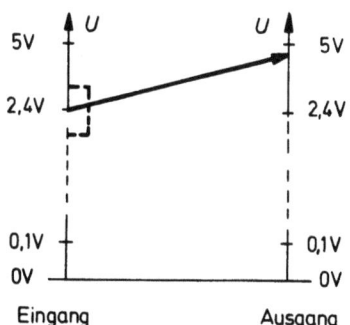

Bild 3-8
Schematische Darstellung für die Wirkungsweise einer Regenerationsschaltung.

3.3. Die NAND- und die UND-Schaltung

Elektronische Schaltungen wie z. B. die Umkehrstufe oder die Regenerationsschaltung können wie Bausteine zu einer neuen Schaltung zusammengesetzt werden. Man spricht von **elektronischen Bausteinen**. Um mit solchen Bausteinen eine Schaltung aufbauen zu können, muß für jeden Baustein die Zuordnungstabelle bekannt sein, die seine Arbeitsweise eindeutig beschreibt.

Das soll an einem weiteren Beispiel untersucht werden, dem „NAND-Baustein". Mit einem NAND-Baustein kann z. B. folgendes Problem gelöst werden: „Die Zündkontrollampe in einem Auto leuchtet während der Fahrt immer dann auf, wenn die Lichtmaschine oder die Batterie defekt ist". Die Kontrollampe soll also genau dann nicht leuchten, wenn beide Geräte in Ordnung sind. Mit den folgenden Vereinbarungen läßt sich das gestellte Problem schematisch in einer Tabelle darstellen. Es wird das Zeichen „L" benutzt, wenn die Batterie einwandfrei ist. Ist die Batterie defekt, soll das Zeichen „O" gesetzt werden. Entsprechend werden die beiden Zeichen für die Lichtmaschine verwandt. Für die Glühlampe wird ähnlich „L" für „hell" und „O" für „dunkel" geschrieben. Für die Glühlampe ist nur dann das Zeichen „O" zu setzen, wenn bei der Batterie und der Lichtmaschine das Zeichen „L" erscheint. Die vollständige Beschreibung der gestellten Aufgabe ergibt Tabelle 3.6.

Tabelle 3.6

Batterie	Lichtmaschine	Glühlampe
O	O	L
O	L	L
L	O	L
L	L	O

Durch das Problem ist eine Zuordnungstabelle vorgegeben. Es muß nun eine elektronische Schaltung gefunden werden, die diese Zuordnung leistet. Man erkennt, daß die Schaltung zwei Eingänge A und B benötigt (Zustand der Batterie und Zustand der Lichtmaschine) und einen Ausgang Q, der den Zustand der Glühlampe angibt. Im Bild 3-9 sind die vier Möglichkeiten zusammengestellt. Die Schaltung, die die aufgeführten Bedingungen erfüllt, heißt NAND-Schaltung[1]).

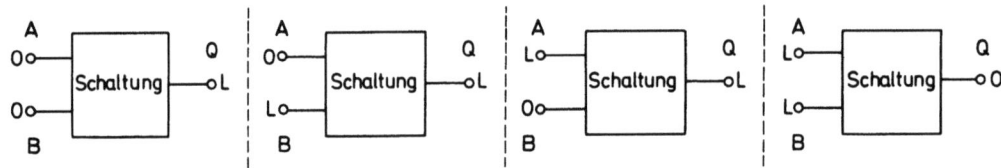

Bild 3-9. Der Ausgang Q soll nur dann den Zustand „0" haben, wenn beide Eingänge den Zustand „L" annehmen.

▲ *Versuch 3.4:* Eine Umkehrstufe wird durch einen Widerstand und zwei Dioden ergänzt (Bild 3-10).

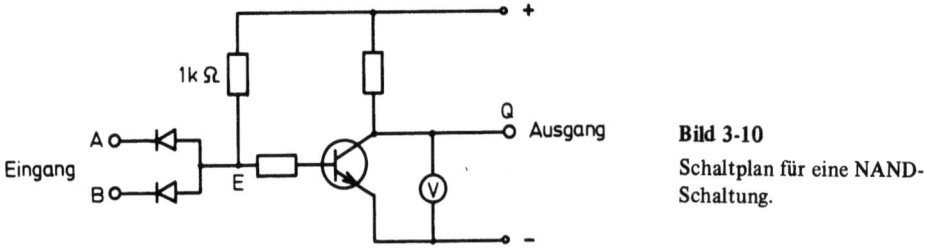

Bild 3-10
Schaltplan für eine NAND-Schaltung.

An den beiden Eingängen A und B werden alle möglichen Kombinationen der Zustände eingestellt; man spricht kurz von der „Belegung" der Eingänge. Der Spannungsmesser zeigt jeweils den Zustand am Ausgang Q an. In Tabelle 3.7 sind in den ersten beiden Spalten alle möglichen Belegungen für die Eingänge aufgeführt. Der zugehörige Ausgangszustand ist in der letzten Spalte eingetragen.

---

[1]) NAND ist aus NOT AND abgekürzt worden.

Tabelle 3.7

Eingänge		Ausgang
A	B	Q
O	O	L
O	L	L
L	O	L
L	L	O

Ein Vergleich mit der Tabelle des Problems zeigt, daß die untersuchte Schaltung genau die gestellte Aufgabe lösen kann.

Ergebnis: Bei einer NAND-Schaltung hat der Ausgang genau dann den Zustand O, wenn beide Eingänge mit L belegt sind. Für die NAND-Schaltung wird das Symbol ⇉⊳— benutzt. Links sind die beiden Eingänge und rechts der Ausgang dargestellt.

Die Wirkungsweise der Schaltung beruht auf dem elektrischen Verhalten der Dioden und der Umkehrstufe. Wenn eine der Dioden oder auch beide mit dem Minuspol verbunden sind (Zustand O), ist der Schaltpunkt E mit dem Minuspol verbunden, da die Dioden leitend sind. Ihr Widerstand ist klein gegenüber dem Wert $1\,k\Omega$. Deshalb ist der Transistor gesperrt und der Ausgang Q nimmt den Zustand L an. Nur wenn beide Dioden mit dem Pluspol verbunden werden, ist der Schaltpunkt E auf dem Zustand L, weil über den Widerstand der Pluspol an den Schaltpunkt E gelangt. Die Dioden selbst sind in Sperrichtung geschaltet. Ihr Widerstand ist sehr groß. Sie sind für die Schaltung bei dieser Belegung der Eingänge elektrisch bedeutungslos, da sie parallel zum Widerstand von $1\,k\Omega$ liegen. Hat nun der Schaltpunkt E den Zustand L, so nimmt der Ausgang Q – nach dem Verhalten der Umkehrstufe – den Zustand O an.

Aus der NAND-Schaltung kann leicht eine **UND-Schaltung** entwickelt werden. Die UND-Schaltung wird dann benutzt, wenn z. B. ein Problem folgender Art zu lösen ist: Ein Schüler wird nicht versetzt, wenn er in zwei Hauptfächern (Fach 1 und Fach 2) mangelhafte Leistungen erbracht hat. Das Zeichen „L" wird wieder benutzt, wenn eine der Bedingungen zutrifft. Ist eine der Aussagen nicht wahr, so steht das Zeichen „O". So ergibt sich Tabelle 3.8.

Tabelle 3.8

Fach 1 mangelhaft	Fach 2 mangelhaft	Schüler wird nicht versetzt
O	O	O
O	L	O
L	O	O
L	L	L

Aus der Tabelle erkennt man: Am Ausgang der zu entwickelnden Schaltung darf nur dann der Zustand L auftreten, wenn beide Eingänge mit L belegt sind. Vergleicht man die

Tabelle mit der Zuordnungstafel der NAND-Schaltung, so sieht man, daß die Spalte für den Ausgang gerade „umgekehrt" erscheint. Deshalb kann eine UND-Schaltung aus einer NAND-Schaltung mit einer nachgeschalteten Umkehrstufe aufgebaut werden.

▲ *Versuch 3.5:* Die NAND-Schaltung wird durch eine angeschlossene Umkehrstufe ergänzt (Bild 3-11).

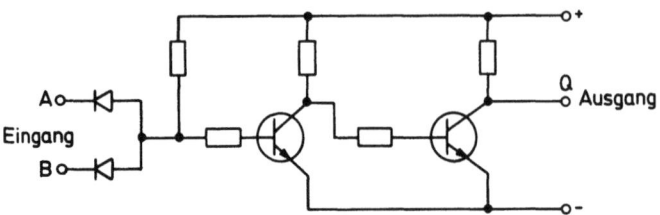

Bild 3-11. Eine Schaltungsmöglichkeit für eine UND-Schaltung.

Die Schaltung wird für unterschiedliche Belegung der Eingänge A und B untersucht. Es ergibt sich folgende Zuordnung (Tabelle 3.9):

Tabelle 3.9

Eingänge		Ausgänge
A	B	Q
O	O	O
O	L	O
L	O	O
L	L	L

Ergebnis: Bei einer UND-Schaltung hat der Ausgang genau dann den Zustand L, wenn beide Eingänge mit L belegt sind. Für die Schaltung wird das Symbol ⊐)— benutzt[1]).

Die Bezeichnung „UND-Schaltung" ist von der untersuchten Eigenschaft der Schaltung hergeleitet. Der Ausgang hat nur dann den Zustand L, wenn der Eingang A **und** der Eingang B mit L belegt sind. Schaltet man nun hinter eine UND-Schaltung noch eine Umkehrstufe, so entsteht wiederum die NAND-Schaltung.

Es gibt auch NAND-Schaltungen und UND-Schaltungen mit mehr als zwei Eingängen. Für jeden Eingang wird eine weitere Diode hinzugeschaltet. Bei einer UND-Schaltung hat der Ausgang Q nur den Zustand L, wenn alle Eingänge mit dem Zustand L belegt sind. Ganz entsprechend läßt sich die Anzahl der Eingänge bei einer NAND-Schaltung vergrößern.

---

[1]) Vergleiche mit dem Schaltzeichen für die NAND-Schaltung. Der dicke Punkt gibt die Umkehrung (Negation) an.

3.4. Die NOR- und die ODER-Schaltung

Neben der NAND-Schaltung und der UND-Schaltung sind die **ODER**- und die **NOR**-Schaltungen zwei wichtige Bausteine der Digitalelektronik. Die Bezeichnung „NOR" ist aus dem englischen NOT OR für NICHT–ODER entstanden. Es gibt zahlreiche Beispiele für Probleme, die mit einer ODER-Schaltung gelöst werden können. Ist z.B. die Aufgabe gestellt, eine Klingel von zwei Schaltern her zu bedienen, also von Schalter 1 **oder** von Schalter 2, so kann eine ODER-Schaltung eingesetzt werden.

Elektrisch einfacher als die ODER-Schaltung ist die NOR-Schaltung. Wie im Abschnitt 3.3 aus der NAND-Schaltung die UND-Schaltung entwickelt wurde, kann die ODER-Schaltung aus der NOR-Schaltung gewonnen werden. Die NOR-Schaltung besteht wie die NAND-Schaltung aus einer Umkehrstufe und einer vorangehenden Diodenschaltung. Die Dioden sind aber umgekehrt geschaltet, wie Bild 3-12 zeigt.

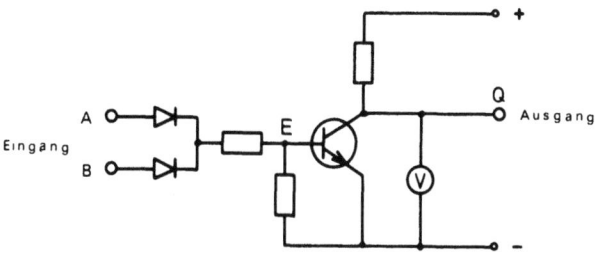

Bild 3-12
Schaltung für einen NOR-Baustein.

Tabelle 3.10 zeigt zunächst die geforderte Zuordnung.

Tabelle 3.10

Eingänge		Ausgang
A	B	Q
O	O	L
O	L	O
L	O	O
L	L	O

▲ *Versuch 3.6:* Der Versuchsaufbau von Bild 3-12 wird erstellt und untersucht.

Beobachtung: Bei allen Möglichkeiten der Belegung der Eingänge A und B nimmt der Ausgang Q nur dann den Zustand L an, wenn beide Eingänge den Zustand O haben.

Dieses Verhalten ist wie bei der NAND-Schaltung durch das Zusammenwirken der Dioden mit der Umkehrstufe zu erklären. Wird eine oder werden beide Dioden der Eingänge mit dem Pluspol verbunden (Zustand L), so nimmt der Schaltpunkt E den Zustand L an, da die Dioden in Durchlaßrichtung geschaltet sind. Aufgrund der Wirkung der Umkehrstufe hat der Ausgang Q dann den Zustand O. Nur wenn beide Dioden mit dem Minuspol verbunden werden, ist der Transistor gesperrt. Denn die Basis ist über den Widerstand mit dem Minuspol verbunden, und es besteht keine Verbindung mehr zum Pluspol der Batterie.

Ergebnis: Bei der NOR-Schaltung hat der Ausgang Q genau dann den Zustand L, wenn beide Eingänge mit O belegt sind. Für die NOR-Schaltung verwendet man das folgende Schaltzeichen ⇥— .

Wird der NOR-Schaltung eine Umkehrstufe nachgeschaltet, so entsteht eine ODER-Schaltung. Der Ausgang der ODER-Schaltung zeigt genau das umgekehrte Verhalten wie der Ausgang der NOR-Schaltung. Es ergibt sich die Zuordnungstabelle für die ODER-Schaltung (Tabelle 3.11).

Tabelle 3.11

Eingänge		Ausgang
A	B	Q
O	O	O
O	L	L
L	O	L
L	L	L

▲ *Versuch 3.7:* Der Ausgang einer NOR-Schaltung wird mit dem Eingang einer Umkehrstufe verbunden. Der Ausgang Q der Umkehrstufe wird bei allen möglichen Belegungen der Eingänge untersucht (Bild 3-13).

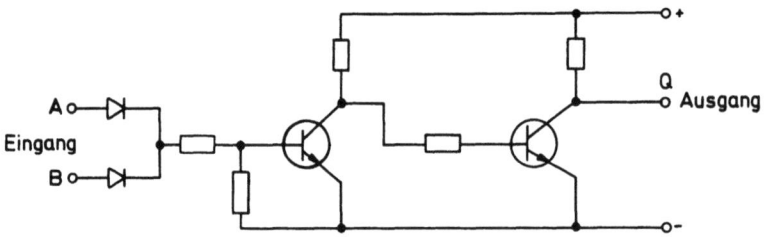

Bild 3-13. Aus einer NOR-Schaltung und einer Umkehrstufe entsteht die ODER-Schaltung.

Ergebnis: Der Ausgang der ODER-Schaltung hat immer dann den Zustand L, wenn A oder B (oder beide) mit L belegt sind. Das Schaltzeichen für die ODER-Schaltung ist ⇥— .

Die untersuchten Schaltungen NICHT, UND und ODER werden häufig als logische Grundschaltungen bezeichnet, weil ihr elektrisches Verhalten genau der Negation und den Verknüpfungen „und" und „oder" der Aussagenlogik entspricht. Im Bild 3-14 sind noch einmal die Symbole der Schaltungen dargestellt, wobei das Verhalten der Ausgänge in der Schreibweise der Aussagenlogik gekennzeichnet ist. Zwischen den elektrischen Schaltungen und der Aussagenlogik wird folgende Zuordnung vereinbart (Tabelle 3.12):

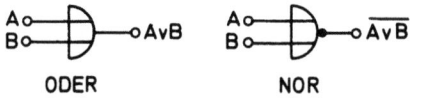

Bild 3-14
Durch elektronische Bausteine lassen sich
Verknüpfungen der Aussagenlogik simulieren.

Tabelle 3.12

Elektrischer Zustand	Wahrheitswert
O	f
L	w

Als ein Beispiel dafür, wie sich Sätze der Aussagenlogik mit elektronischen Bausteinen untersuchen lassen, soll der Satz von de Morgan betrachtet werden: $\overline{A \wedge B} \Leftrightarrow \overline{A} \vee \overline{B}$ (Bild 3-15). Mit der oben getroffenen Vereinbarung kann die Äquivalenz der beiden Terme dadurch nachgewiesen werden, daß der Ausgang einer Schaltung für den linken Term immer den gleichen Zustand wie der Ausgang einer Schaltung für den rechten Term hat.

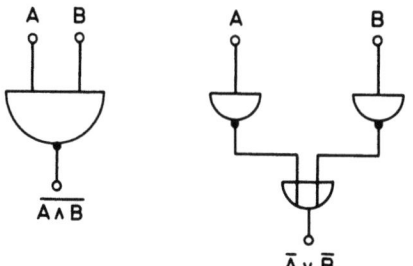

Bild 3-15
Untersuchung des Satzes von de Morgan
$\overline{A \wedge B} \Leftrightarrow \overline{A} \vee \overline{B}$.

▲ *Versuch 3.8:* Es werden zwei Versuchsaufbauten nebeneinander aufgebaut, einmal eine NAND-Schaltung und zum anderen zwei Umkehrstufen, deren Ausgänge an die Eingänge einer ODER-Schaltung gelegt werden.

Man beobachtet, daß die beiden Ausgänge bei jeder beliebigen Belegung der Eingänge A und B den gleichen Zustand annehmen. Dieses Ergebnis ergibt sich ebenfalls, wenn man die Zuordnungstabelle aus den einzelnen Zuordnungen zusammensetzt (Tabelle 3.13).

Tabelle 3.13

A B	NAND	A B	NICHT A	NICHT B	(NICHT A) ODER (NICHT B)
O O	L	O O	L	L	L
O L	L	O L	L	O	L
L O	L	L O	O	L	L
L L	O	L L	O	O	O

Die letzten Spalten stimmen in beiden Tabellen überein, so daß die Gültigkeit des Satzes experimentell nachgewiesen ist.

Viele weitere Gesetze der Aussagenlogik können mit den logischen Schaltungen untersucht werden. In Bild 3-16 ist der Schaltplan für den zweiten Satz von de Morgan angegeben.

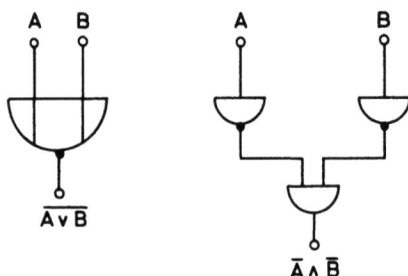

Bild 3-16
Schaltplan zur Untersuchung der Regel
$\overline{A \vee B} \Leftrightarrow \overline{A} \wedge \overline{B}$.

3.5. Die Addition von Dualzahlen

Ein großes Anwendungsgebiet für Digitalbausteine ist die Computertechnik. Bereits mit einfachen Zuordner-Schaltungen lassen sich die vier Grundrechenarten Addition, Subtraktion, Multiplikation und Division simulieren.

Es soll in diesem Abschnitt als Beispiel die Addition von Dualzahlen untersucht werden. Dabei werden den Spannungszuständen O und L die entsprechenden Dualziffern zugeordnet. Beschränkt man sich zunächst auf das Problem, zwei einstellige Dualzahlen A_1 und B_1 zu addieren, so ergeben sich vier Möglichkeiten. In Tabelle 3.14 bedeuten „S" die Summenziffer und „Ü" die Übertragsziffer (für die nächste Stelle).

Man erkennt aus der Tabelle: Die Zuordnung für die Übertragsziffer Ü stimmt mit der Zuordnung bei einer UND-Schaltung überein. Für die Summenziffer S entnimmt man der Tabelle die folgende Bedingung: Die Summenziffer S ist genau dann L, wenn A_1 oder B_1 aber nicht beide gleichzeitig L sind, d.h. wenn (A_1 oder B_1) und nicht (A_1 und B_1) L sind. Um diese Bedingung auf die Zuordnungsschaltung zu übertragen, benötigt man einen ODER-, einen NICHT-, einen NAND- und einen UND-Baustein.

Tabelle 3.14

A_1	B_1	Ü	S
O	O	O	O
O	L	O	L
L	O	O	L
L	L	L	O

▲ *Versuch 3.9:* Es wird die Schaltung nach Bild 3-17 zur Addition von einstelligen Dualzahlen hergestellt.

Die Zustände der Ausgänge Ü und S lassen sich durch Lampen anzeigen. Diese sollen immer dann aufleuchten, wenn der Ausgang den Zustand L hat. Dann kann man bequem die Wirkungsweise der Schaltung mit der Tabelle vergleichen. Die Beobachtung zeigt: Die entwickelte Schaltung genügt der Forderung, eine Addition von einstelligen Dualzahlen durchzuführen. Man bezeichnet die Schaltung als „**Halbaddierer**".

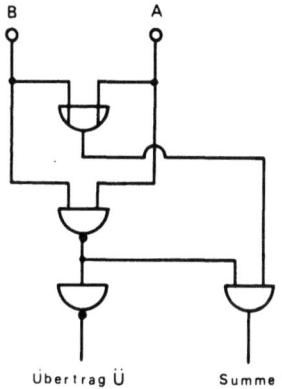

Bild 3-17
Schaltplan zur Addition zweier einstelliger Dualzahlen.

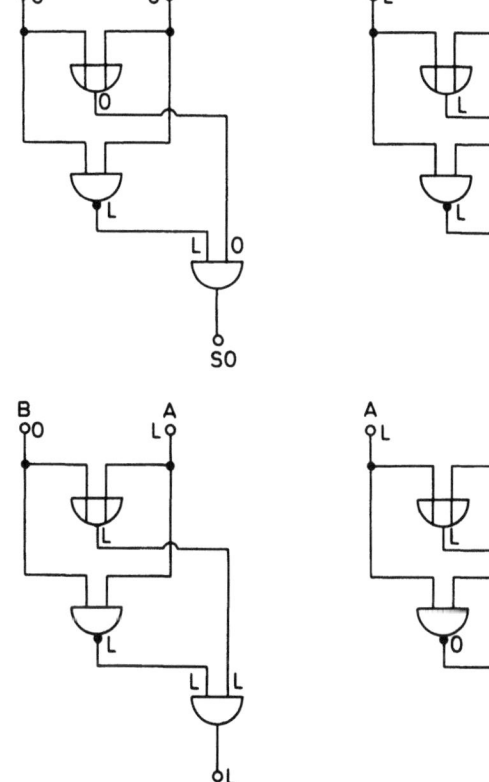

Bild 3-18
Der Zustand für die Summenziffer S bei jeder beliebigen Belegung der Eingänge A und B.

Zur Addition von zwei mehrstelligen Dualzahlen reicht die untersuchte Schaltung jedoch nicht aus. Denn in der Regel wird bei der Addition noch ein Übertrag aus der vorangegangenen Stelle zu beachten sein. Dann sind drei einstellige Dualzahlen zu addieren.

Beispiel: L O L O
              L L L L
              L L L   Übertrag
              L L O O L Ergebnis

Dieser Übertrag kann in der entwickelten Schaltung noch nicht berücksichtigt werden. Daher wird die Schaltung auch als Halbaddierer bezeichnet.

Der Halbaddierer vermag nur in der Einerstelle zu addieren. In jeder anderen Stelle muß mit einem Übertrag gerechnet werden, so daß dort insgesamt drei einstellige Dualzahlen zu addieren sind. Eine Schaltung, die dies leistet, heißt **Volladdierer**. Der Volladdierer muß drei Eingänge haben, zwei Eingänge A_n und B_n für die Dualziffern der n-ten Stelle und einen Eingang $Ü_n$ für den Übertrag aus der vorangegangen Stelle. Ausgänge sind für die Summe S_n und für den Übertrag $Ü_{n+1}$ (für die nächste Stelle) erforderlich. Bild 3-19 zeigt die Schaltzeichen für den Halb- und für den Volladdierer.

Die Zuordnungstabelle für den Volladdierer entsteht, wenn alle möglichen Belegungen der drei Eingänge A_n, B_n und $Ü_n$ zusammengestellt werden. Die insgesamt acht Möglichkeiten sind in Tabelle 3.15 zusammengetragen.

Tabelle 3.15

$Ü_n$	A_n	B_n	$Ü_{n+1}$	S_n
O	O	O	O	O
O	O	L	O	L
O	L	O	O	L
O	L	L	L	O
L	O	O	O	L
L	O	L	L	O
L	L	O	L	O
L	L	L	L	L

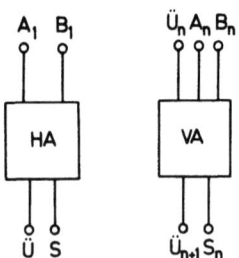

Bild 3-19
Für den Halb- und für den Volladdierer werden Schaltzeichen benutzt, bei denen nur die Eingänge und die Ausgänge eingetragen sind.

Die ersten vier Zeilen entsprechen der Zuordnungstabelle für einen Halbaddierer, da der Übertrag $Ü_n$ noch O ist. Die letzten vier Zeilen sind wesentlich durch den Übertrag $Ü_n$ beeinflußt.

Die Entwicklung einer Schaltung aus der Zuordnungstabelle ist für diesen Fall recht mühsam. Ein einfacherer Aufbau der Schaltung ergibt sich, wenn man mit Halbaddierern arbeitet. Diese oft auch „Tannenbaum-Schaltung" genannte Anordnung ist in Bild 3-20 dargestellt.

▲ *Versuch 3.10:* Es wird ein Volladdierer nach dem Schaltplan von Bild 3-20 aus Halbaddierern aufgebaut.

Dem Aufbau der Schaltung aus zwei Halbaddierern liegt die Überlegung zugrunde, daß die Addition von drei einstelligen Dualzahlen durch zweimalige Addition von zwei einstelligen Dualzahlen erfolgen kann. Zunächst addiert man die Dualzahlen A_n und B_n mit dem ersten Halbaddierer. Zum Ergebnis wird der Übertrag $Ü_n$ in einem zweiten Halbaddierer hinzuaddiert; man erhält das Endergebnis in der n-ten Stelle. Ein Übertrag in die (n + 1)-te Stelle tritt nur dann auf, wenn sich bei der ersten **oder** zweiten Addition ein Übertrag ergeben hat, so daß ein ODER-Baustein den Übertrag $Ü_{n+1}$ ermitteln kann.

Die Addition zweier Dualzahlen kann nun stellenweise durchgeführt werden. Für jede Stelle wird ein Volladdierer gebraucht, lediglich für die erste Stelle reicht ein Halbaddierer aus (Bild 3-21). Bild 3-22 zeigt das „Blockschaltbild" für ein Addierwerk für dreistellige Dualzahlen.

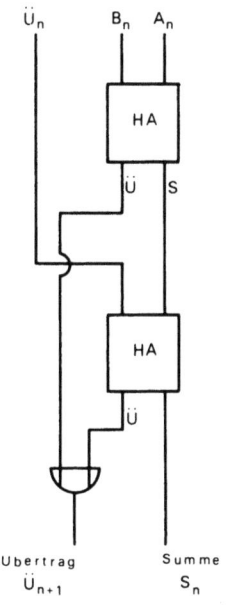

Bild 3-20. Ein Volladdierer kann aus zwei Halbaddierern aufgebaut werden.

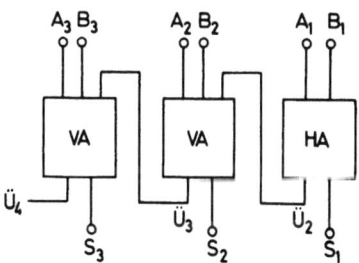

Bild 3-22. Bei der Addition wird für jede Stelle (mit Ausnahme der ersten) ein Volladdierer eingesetzt.

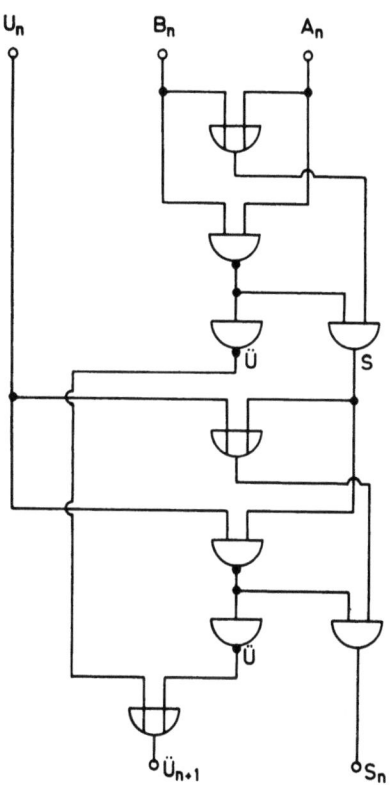

Bild 3-21. Aufbau eines Volladdierers aus Einzelbausteinen.

4. Impulse und Impulsumformungen

4.1. Verschiedene Impulsformen und deren Beschreibung

Jede elektronisch gesteuerte Maschine erhält ihre Befehle von einem elektrischen Befehlsgeber, der durch **Impulse** die Steuerung bewirkt. In den meisten Fällen sind es Spannungsimpulse, die in sehr unterschiedlicher Form auftreten können (Bild 4-1). Dabei wird unter einem Impuls eine zeitlich begrenzte Spannungsabweichung von einem festen Spannungswert verstanden. Wiederholt sich die Spannungsabweichung periodisch, wird von einer **Impulsfolge** gesprochen.

Ein sinusförmiger Spannungsimpuls tritt bei der Gleichrichtung durch eine Diode auf (vgl. 1.2). Da Digitalschaltungen nur mit zwei Spannungszuständen arbeiten, kommt dem Rechteckimpuls dort eine besondere Bedeutung zu. Die Spannung wechselt sprunghaft vom Zustand O zum Zustand L und umgekehrt (Bild 4-1b).

Mit einer speziellen Diode kann aus einem sinusförmigen Impuls ein annähernd rechteckiger Impuls gewonnen werden. Diese besonderen Dioden heißen **Zenerdioden** (Schaltzeichen –▷/–). Sie haben die Eigenschaft, daß die Sperrwirkung nur innerhalb eines bestimmten Spannungsbereichs wirksam ist.

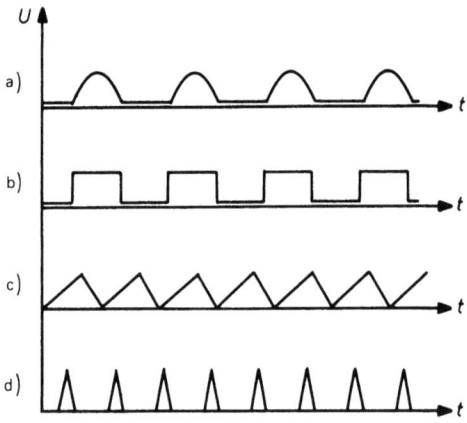

Bild 4-1
Verschiedene Spannungsimpulse: a) Sinusförmiger Impuls, b) Rechteckimpuls, c) Dreieckimpuls, d) Nadelimpuls.

▲ *Versuch 4.1:* Eine Zenerdiode wird über einen Widerstand an eine Energiequelle angeschlossen, deren Spannung variabel ist (Bild 4-2). Die Stromstärke wird mit einem Meßinstrument gemessen.

Bei unterschiedlicher Polung der Energiequelle ergibt sich folgende Beobachtung: Bei der einen Polung steigt die Stromstärke annähernd linear mit der Spannung an. Wird die Polung vertauscht, fließt bei kleiner Spannung fast kein Strom. Die Diode befindet sich im Sperrbereich. Bei einer Spannung von 8,2 V steigt dann die Stromstärke plötzlich stark an. Die Diode ist wieder leitend geworden. Die Kennlinie der Zenerdiode hat bei 8,2 V einen „Knick". Man bezeichnet diese Grenzspannung als Zenerspannung (Bild 4-3).

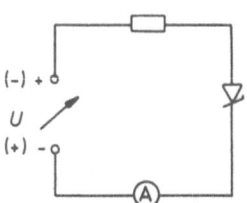

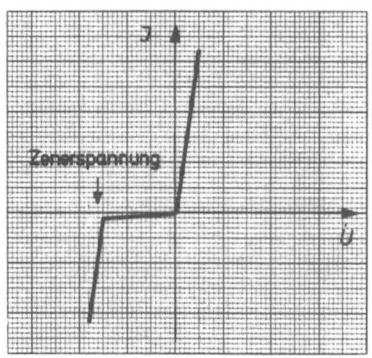

Bild 4-2. Schaltplan zur Untersuchung einer Zenerdiode.

Bild 4-3. Die Kennlinie einer Zenerdiode.

Ein Spannungsmesser, der über der Zenerdiode angeschlossen wird, ergibt folgende Beobachtung: In der Durchlaßrichtung kann kein Zeigerausschlag entstehen, da die Diode einen sehr kleinen Widerstand hat. Bei umgekehrter Polung ist der Widerstand der Diode im Bereich zwischen 0 V und 8,2 V groß, an der Zenerdiode wird eine Spannung gemessen. Bei weiterer Erhöhung der Spannung wird dann die Diode wieder leitend und besitzt einen sehr kleinen Widerstand, das Spannungsmeßgerät zeigt nun weiterhin die Spannung von 8,2 V an.

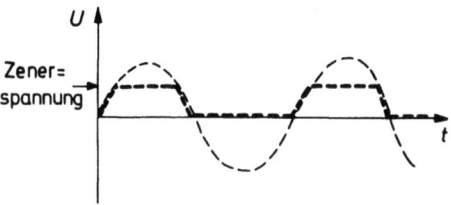

Bild 4-4

An einer Zenerdiode entsteht ein trapezförmiger Spannungsimpuls.

Legt man eine sinusförmige Wechselspannung an, so entsteht an der Zenerdiode ein annähernd rechteckförmiger Verlauf (Bild 4-4). Der sinusförmige Spannungsverlauf, der bei einer „normalen" Diode entstehen würde, wird durch die Zenerdiode oberhalb von einer Spannung von 8,2 V „abgeschnitten". Wegen des sinusförmigen Anstiegs entsteht bei genauer Betrachtung keine Rechteckform, sondern eher eine Trapezform. Da der Übergang von Zustand O zu Zustand L auch sonst eine gewisse Zeit benötigt, liegt auch bei anderen Rechteckspannungen in Wirklichkeit ein trapezförmiger Spannungsverlauf vor. Die Rechteckform ist als idealer Verlauf nicht voll zu realisieren.

In Bild 4-5 sind die Größen angeführt, durch die sich ein Rechteckimpuls beschreiben läßt. Besonders wichtig ist die Anstiegszeit T_s und die Abfallzeit T_f. Durch die ansteigende oder die abfallende Flanke des Impulses wird nämlich bei einer elektronischen Anlage die Steuerung bewirkt. Die Spannungsänderung wirkt als „elektrischer Befehl". Damit die Zeit für einen Befehl möglichst genau festgelegt werden kann, müssen die Flanken des Rechteckimpulses steil, d.h. die Anstiegs- und Abfallzeit klein sein. Üblich sind Werte in der Größenordnung von einigen Nanosekunden. Die Güte eines Rechteckimpulses wird wesentlich durch seine Flankensteilheit bestimmt. Digital arbeitende Bausteine können nur mit Rechteckimpulsen hoher Flankensteilheit gesteuert werden.

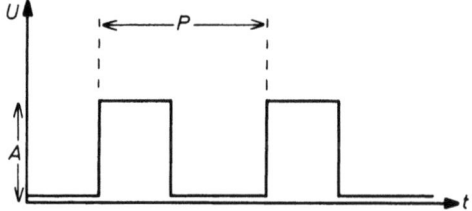

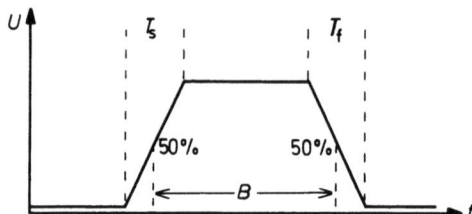

Bild 4-5

Die beschreibenden Größen eines Rechteckimpulses sind: A Amplitude oder Impulshöhe, B Impulsdauer, P Periode, T_s Anstiegszeit (für die Anstiegsflanke benötigte Zeit) und T_f Abfallzeit (für die Abfallflanke benötigte Zeit).

4.2. Erzeugung von Rechteckimpulsen durch Impulsformung

Die Erzeugung einer brauchbaren Rechteckspannung ist eine wichtige Aufgabe in der Elektronik. Es gibt besondere Rechteckgeneratoren. Das sind Schaltungen, die Rechteckimpulse erzeugen. Daneben wird häufig das Verfahren der **Impulsformung** angewandt. Durch Impulsformung wird z. B. eine sinusförmige Wechselspannung, etwa die auf 5 V transformierte Netzspannung, in Rechteckimpulse umgeformt.

Eine Möglichkeit dazu ist bereits in Abschnitt 4.1 besprochen worden. Die Flankensteilheit des entstandenen Rechteckimpulses mit einer Zenerdiode ist jedoch gering. Daher werden meist andere Verfahren benutzt.

Eine einfache Schaltung für einen Impulsformer stellt ein Inverter dar.

▲ *Versuch 4.2:* An den Eingang eines Inverters wird eine sinusförmige Wechselspannung gelegt. Der Spannungsverlauf am Ausgang des Inverters wird mit einem Oszillographen beobachtet (Bild 4-6).

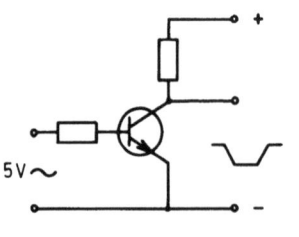
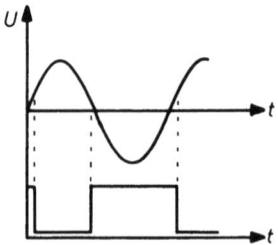

Bild 4-6

Ein Inverter wirkt als einfacher Impulsformer, mit dem sich Rechteckimpulse herstellen lassen.

Man beobachtet auf dem Oszillographenschirm Rechteckimpulse, bei denen die Anstiegs- und Abfallflanken gerade noch erkennbar sind. Sie besitzen also eine relativ hohe Flankensteilheit.

Wie arbeitet die Schaltung? Liegt eine negative Spannung an der Basis, so ist der Transistor gesperrt. Dann liegt an seinem Ausgang die Betriebsspannung (Zustand L). Im Bereich von 0 V bis 0,4 V des positiven Teils der Eingangsspannung bleibt der Transistor ebenfalls noch annähernd gesperrt. Oberhalb von 0,5 V Eingangsspannung wird der Transistor leitend. Die Ausgangsspannung geht fast auf 0 V zurück. Die Anstiegs- und die Abfallflanke werden durch den engen Spannungsbereich von 0,4 V bis 0,5 V der Eingangsspannung bestimmt. Diese Flanken sind noch auf dem Schirmbild zu erkennen. Daher sind die zugehörigen Zeiten noch relativ groß. Denn bei kleineren Anstiegs- und Abfallzeiten würde der Übergang vom Zustand O auf den Zustand L so schnell erfolgen, daß der Elektronenstrahl des Oszillographen den Schirm nicht zum Leuchten anregen könnte. Bei „guten" Rechteckimpulsen sind daher die Flanken eines Impulses auf dem Schirm nicht mehr sichtbar (Bild 4-7).

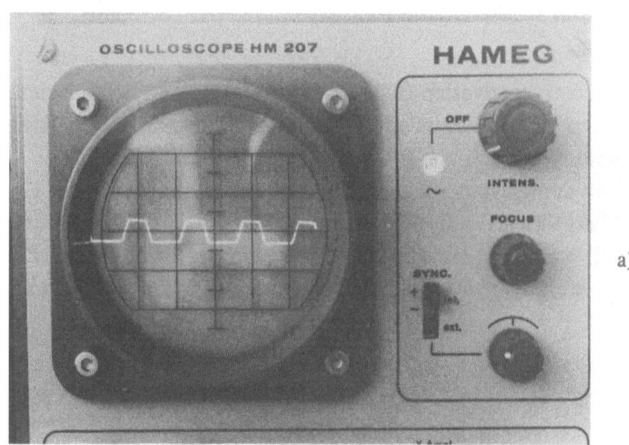

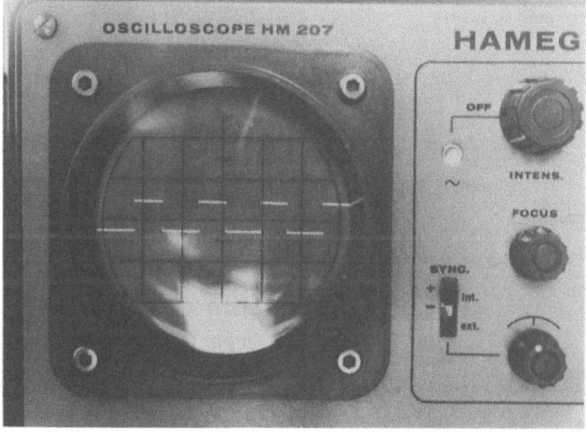

Bild 4-7
Schirmbilder verschiedener Rechteckspannungen:
a) geringe Flankensteilheit,
b) hohe Flankensteilheit.

Man erreicht eine wesentlich bessere Impulsform, wenn man zwei Inverter hintereinander schaltet.

▲ *Versuch 4.3:* An den Eingang zweier hintereinander geschalteter Inverter (Regenerationsschaltung) wird eine sinusförmige Wechselspannung gelegt. Der Spannungsverlauf am Ausgang dieser Schaltung wird mit dem Oszillographen beobachtet (Bild 4-8).

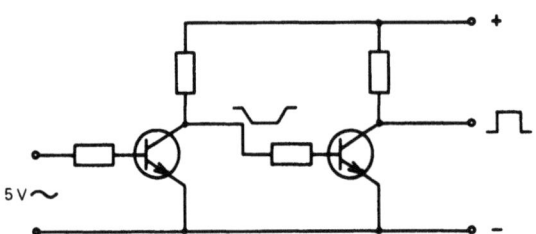

Bild 4-8
Die Regenerationsschaltung als Impulsformer.

Beobachtung: Das Schirmbild zeigt Rechteckimpulse, deren Flanken nicht mehr erkennbar sind.

Warum die Flankensteilheit durch einen zweiten Inverter erhöht wird, läßt sich aus der Darstellung von Bild 4-9 erkennen: Im Teil a) ist ein Ausschnitt der sinusförmigen Wechselspannung gezeigt. In dem Spannungsbereich von 0,4 V bis 0,5 V geht am Ausgang des ersten Inverters der Zustand L in den Zustand O über. Zur Vereinfachung werde der Übergang als linear angenommen. Maßgeblich für die Abfallzeit ist die Zeit, in der die Sinusspannung den Spannungsbereich von 0,4 V bis 0,5 V durchläuft. In der gleichen Zeit durchläuft die Eingangsspannung am zweiten Inverter den Spannungsbereich von 5 V bis 0 V.

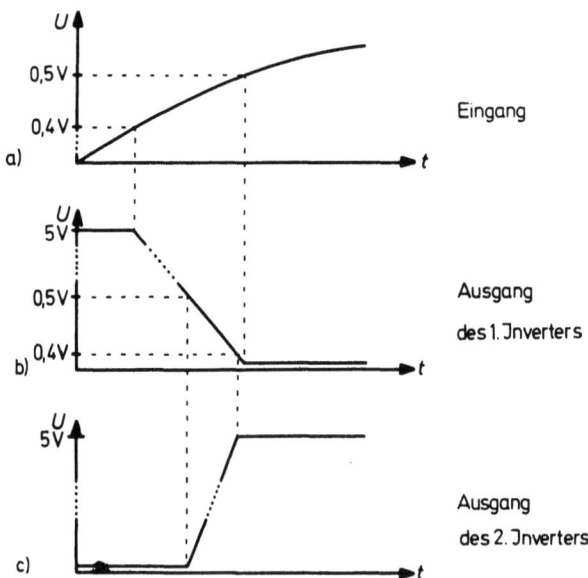

Bild 4-9
Impulsformung durch zwei Inverter.

Der Bereich von 0,5 V bis 0,4 V wird dort in entsprechend kürzerer Zeit überstrichen. Daher wechselt der Ausgang des zweiten Inverters in wesentlich kürzerer Zeit vom Zustand O zum Zustand L. Es wird sich zeigen, daß die Flankensteilheit des mit zwei Invertern geformten Rechteckimpulses für viele Versuche ausreicht, bei denen elektrische Befehle durch Impulse übertragen werden sollen.

Ergebnis: Mit der Regenerationsschaltung können brauchbare Rechteckimpulse erzeugt werden.

Zur Impulsformung kann gelegentlich auch ein ODER-Baustein benutzt werden, da er aus zwei Invertern besteht. Die sinusförmige Wechselspannung wird dann an einen Eingang gelegt, wobei der andere Eingang unbeschaltet bleibt. Die Diode am Eingang der Schaltung beeinträchtigt die Impulsformung nicht. Das kann man sich anhand des Schaltplanes von Bild 3-13 überlegen.

Für einen Impulsformer wird häufig das folgende Schaltzeichen benutzt: —☐—.

4.3. Die RC-Schaltung

Der vorangegangene Abschnitt hat gezeigt: Es bedarf einiger Mühe, einen brauchbaren Rechteckimpuls zu erzeugen. Für die elektronische Steuerung einer Anlage durch Rechteckimpulse ist nun weiter wichtig, daß die Rechteckform nicht durch Signalleitungen oder andere Bauelemente verändert wird. Deshalb ist es notwendig, die Bauelemente zu kennen, von denen die Form eines Rechteckimpulses beeinflußt werden kann.

Ein solches Bauelement ist der Kondensator, dessen elektrisches Verhalten schon in Abschnitt 0.2 untersucht wurde. Es soll nun geklärt werden, in welchem Maße der Kondensator einen Rechteckimpuls verändern kann.

▲ *Versuch 4.9:* Eine Rechteckspannung wird an eine Reihenschaltung aus einem Widerstand R und einem Kondensator C gelegt. Ein Oszillograph zeigt den Spannungsverlauf am Kondensator an (Bild 4-10).

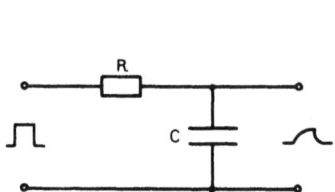
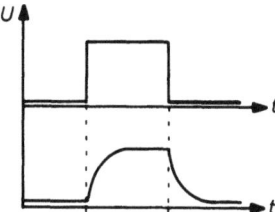

Bild 4-10. Impulsverformung durch eine RC-Schaltung.

Das Schirmbild zeigt, daß die Flanken des Rechteckimpulses „verschliffen" sind. Die für eine Steuerung erforderliche Flankensteilheit ist nicht mehr vorhanden. Daher ist die untersuchte Schaltung, kurz „RC-Schaltung" genannt, bei der Übertragung eines Rechteckimpulses zu vermeiden.

Die Beobachtung läßt sich mit dem elektrischen Verhalten des Kondensators erklären: Es sei angenommen, der Rechteckimpuls habe zunächst den Zustand O und der Kondensator sei ungeladen. Beim Eintreffen der ansteigenden Flanke des Impulses wird an die Schaltung die Betriebsspannung angelegt. Der Kondensator beginnt sich aufzuladen. Der Aufladevorgang am Kondensator dauert eine größere Zeit, als die Anstiegszeit des Impulses beträgt (vgl. 0.2). Deshalb wird auf dem Schirmbild der langsame Anstieg der Kondensatorspannung sichtbar. Bei der abfallenden Flanke wirkt der Zustand O des Impulses wie ein elektrischer Kurzschluß. Der geladene Kondensator entlädt sich über den Widerstand, bis er allmählich wieder die Spannung 0 V erreicht. Auch der Entladevorgang dauert länger als beim Rechteckimpuls der Übergang vom Zustand L auf den Zustand O.

In vielen Fällen ist das Verschleifen der Rechteckform unerwünscht. Es gibt jedoch auch Anwendungsbeispiele, die das gezeigte Verhalten der RC-Schaltung ausnutzen. Für diesen Fall muß bekannt sein, welchen Einfluß der Wert R des Widerstandes und die Kapazität C des Kondensators auf die Kurvenform hat (Bild 4-11).

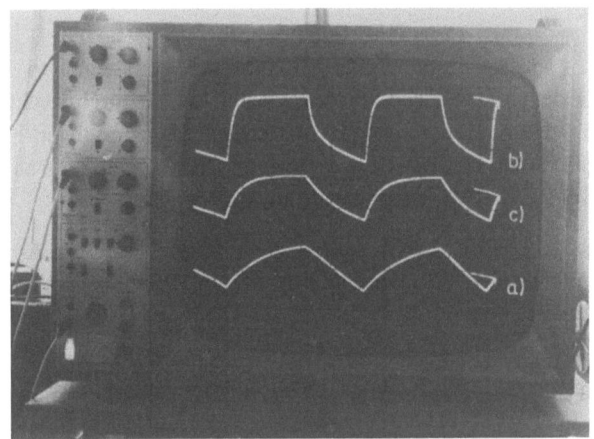

Bild 4-11
Oszillogramm einer RC-Schaltung bei verschiedenen Kapazitäten:
a) $C_1 = 0{,}5~\mu F$, b) $C_2 = 0{,}1~\mu F$, c) $C_3 = 0{,}2~\mu F$.

Der Spannungsverlauf bei der RC-Schaltung wird durch die **Halbwertzeit** T_H beschrieben. Diese Zeit gibt an, wie lange es dauert, bis sich der Kondensator von der Spannung 0 V auf die **halbe** Betriebsspannung aufgeladen hat (Bild 4-12).

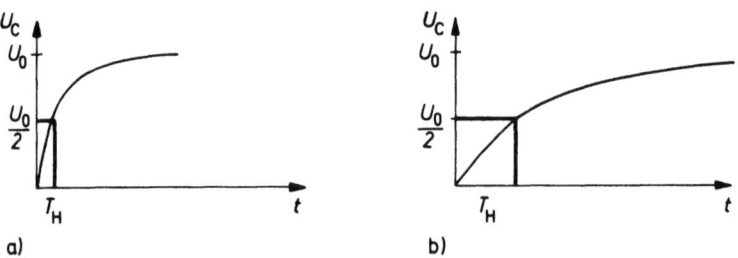

Bild 4-12. Die Halbwertzeit T_H beschreibt den Anstieg der Kondensatorspannung. Ein schneller Anstieg (a) entspricht einer kleinen Halbwertzeit, ein langsamer Anstieg (b) einer großen Halbwertzeit.

Die Abhängigkeit der Halbwertzeit vom Widerstandswert R und der Kapazität C soll im nächsten Versuch untersucht werden.

▲ *Versuch 4.5:* Bei einem Versuchsaufbau nach dem Schaltplan von Bild 4-13 wird die Zeit gestoppt, die nach dem Einschalten vergeht, bis der Kondensator die halbe Betriebsspannung erreicht hat. Die Messung wird a) bei konstanter Kapazität mit verschiedenen Widerständen, b) bei konstantem Widerstand mit verschiedenen Kapazitäten durchgeführt.

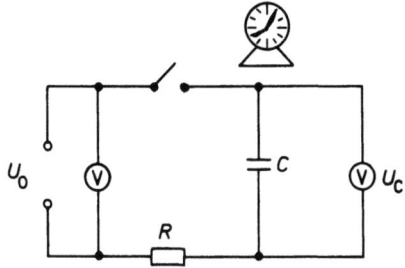

Bild 4-13
Untersuchung der Halbwertzeit T_H in Abhängigkeit vom Widerstand R und der Kapazität C.

Die beiden folgenden Tabellen zeigen das Ergebnis der Versuchsreihe an.

a) $C = 1000\,\mu\text{F}$:

R in kΩ	1	2	3	4	5	6	7	8	9	10
T_H in s	1,1	1,9	2,8	3,8	4,7	5,8	6,8	7,6	8,7	9,7

b) $R = 2\,\text{k}\Omega$:

C in μF	500	1000	1500	2000	2500	3000
T_H in s	0,9	1,9	2,9	4,0	4,8	5,9

Die Auswertung der Meßreihe (Bild 4-14) zeigt, daß die Halbwertzeit sowohl zum Widerstand R als auch zur Kapazität C direkt proportional ist.

Ergebnis: Für die Halbwertzeit der RC-Schaltung gilt $T_H \sim R \cdot C$.

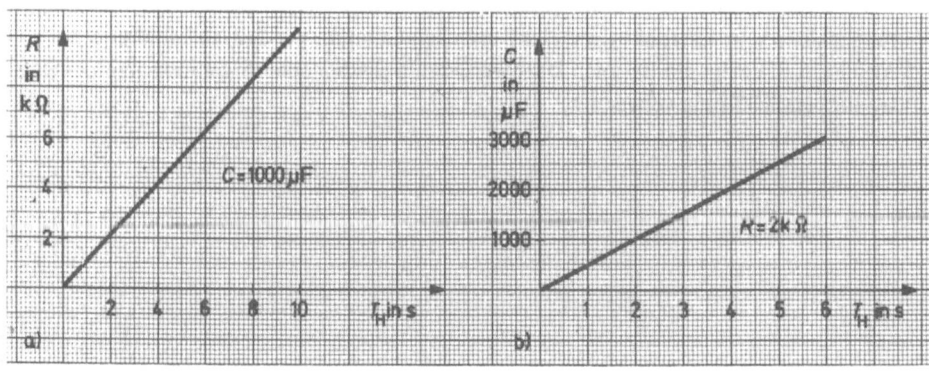

Bild 4-14. Die Halbwertzeit ist direkt proportional zum Widerstand R und zur Kapazität C, a) $T_H \sim R$ und b) $T_H \sim C$.

Auch beim Entladevorgang spricht man von einer Halbwertzeit. Das ist die Zeit, in der sich der Kondensator von der Betriebsspannung bis zur halben Betriebsspannung entlädt. Eine entsprechende Versuchsreihe würde zu dem gleichen Ergebnis wie bei der Halbwertzeit beim Aufladen führen. Auch eine theoretische Betrachtung des Problems zeigt, daß die Halbwertzeit für den Auf- und Entladevorgang genau gleich sind und nach der Beziehung $T_H \sim R \cdot C$ durch den Widerstand R und die Kapazität C bestimmt werden.

Wird die Ausgangsspannung der RC-Schaltung nicht am Kondensator, sondern am Widerstand abgegriffen (man spricht dann auch von einer CR-Schaltung), ergibt sich ebenfalls eine Verformung der Rechteckspannung.

▲ *Versuch 4.6:* An eine Serienschaltung von Kondensator und Widerstand wird eine Rechteckspannung gelegt. Die Spannung am Widerstand wird auf dem Oszillographenschirm sichtbar gemacht.

Die auf dem Oszillographenschirm sichtbare Spannungskurve (Bild 4-15) ist ähnlich wie beim Versuch 4.5 durch den Auf- und Entladevorgang zu deuten. Am Widerstand entsteht eine Spannung, die direkt proportional zur Stromstärke I in der Schaltung ist. Daher stellt die Kurve die Stromstärke in Abhängigkeit von der Zeit dar. Beim Einschalten (aufsteigende Flanke) fließt ein relativ großer Ladestrom, der langsam abnimmt. Beim Ausschalten (abfallende Flanke) fließt zunächst ein großer Entladestrom in umgekehrter Richtung, der ebenfalls mit der Zeit abnimmt.

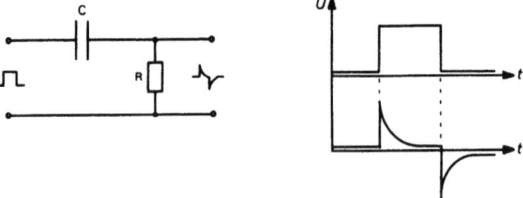

Bild 4-15. Impulsverformung durch eine CR-Schaltung.

Die RC-Schaltung und die CR-Schaltung stören die Form der Rechteckspannung sehr. Doch ergeben sich aufgrund des definierten Zeitverhaltens der Schaltung Anwendungsmöglichkeiten in zeitabhängigen elektronischen Geräten, wie z.B. in Schaltuhren. Abschnitt 5.7 zeigt ein Beispiel. Dort werden die gewonnenen Ergebnisse in einer elektronischen Schaltung verwendet.

5. Kippschaltungen

5.1. Die bistabile Kippstufe

Neben Zuordnerschaltungen werden in der Digitalelektronik **Speicherbausteine** benötigt, die z. B. bei einem elektronischen Rechner die zu addierenden Zahlen speichern und das Ergebnis für einen weiteren Rechengang bereithalten sollen.

Eine einfache Speicherschaltung ist die **bistabile Kippstufe**. Sie besteht aus zwei Invertern, wobei der Ausgang des zweiten Inverters über einen Widerstand an den Eingang des ersten Inverters geführt ist. Diese „Rückkopplung" bestimmt das Verhalten der Schaltung.

▲ *Versuch 5.1:* Es wird ein Versuchsaufbau nach dem Schaltplan von Bild 5-1 aufgebaut. Die Schaltzustände der Transistoren können sowohl an den Glühlampen als auch an den Meßinstrumenten beobachtet werden.

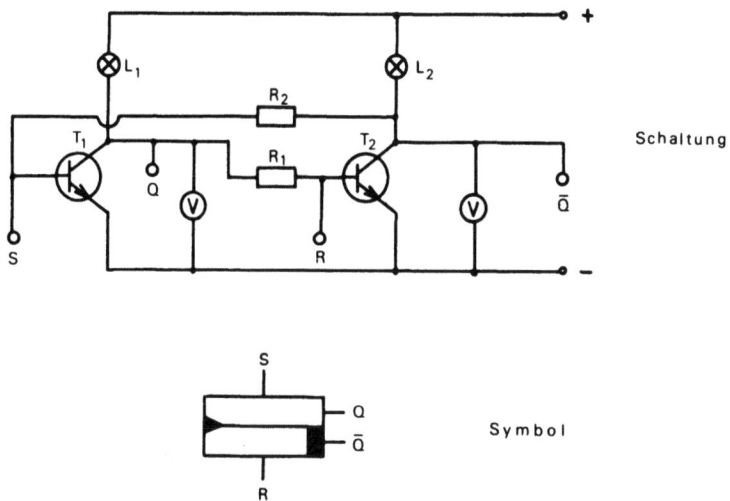

Bild 5-1. Schaltplan für eine einfache bistabile Kippstufe.

Bei der Schaltung werden die Zustände an den Ausgängen Q und $\overline{Q}$ bei beiden Transistoren beobachtet, wenn abwechselnd die Eingänge S und R mit dem Minuspol verbunden werden. Haben zu Beginn der Ausgang Q den Zustand O und der Ausgang $\overline{Q}$ den Zustand L, so vertauschen sich die Zustände gerade, wenn der Eingang S kurzzeitig mit dem Minuspol verbunden wird. Ausgang Q nimmt den Zustand L an, Ausgang $\overline{Q}$ erhält den Zustand O. Wird anschließend der Eingang R für kurze Zeit mit dem Minuspol verbunden, stellt sich wieder der alte Zustand ein, Q bekommt den Zustand O und $\overline{Q}$ den Zustand L. Die beiden Ausgänge haben nie den gleichen Zustand. Die beiden Zustände der Schaltung sind stabil, man spricht von einer bistabilen Kippstufe. Die Schaltung „kippt", wenn einer der Eingänge S oder R mit dem Minuspol verbunden wird, in den anderen Zustand. Häufig wird die Schaltung auch „Flipflop" genannt. Mit diesem Wort soll das Umkippen der Schaltung angedeutet werden. In Tabelle 5.1 ist das Verhalten eines Flipflop beschrieben.

Tabelle 5.1

Impuls	Zustand bei Q	Zustand bei $\overline{Q}$
	0	L
S L → 0	L	0
R L → 0	0	L

Das Besondere der Schaltung liegt darin, daß die Zustandsänderung durch ein kurzes Berühren erreicht wird. Es ist nicht erforderlich, daß der Zustand O ständig an R oder S bleibt. Ein Umkippen der Schaltung kann bereits durch einen kurzen Impuls erreicht werden.

Zur Erklärung der Arbeitsweise der Schaltung sei angenommen, daß zu Beginn der Transistor T_1 leitet und Transistor T_2 sperrt. Dann hat Q den Zustand O und $\overline{Q}$ den Zustand L. Wird nun der Anschluß S mit dem Minuspol verbunden, so sperrt T_1 und der Ausgang Q nimmt den Zustand L an. Da jetzt (über den Widerstand R_1) die Basis von T_2 den Zustand L erhält, wird T_2 leitend und der Ausgang $\overline{Q}$ von T_2 erhält den Zustand O. Dieser Zustand wird nun über R_2 an die Basis von T_1 zurückgeführt, so daß an diesem Basisanschluß der Zustand O bleibt, auch wenn S nicht mehr mit dem Minuspol verbunden ist.

Entsprechend läßt sich das Umkippen erklären, wenn anschließend der Eingang R mit dem Minuspol verbunden wird. Die Transistoren sind völlig symmetrisch in die Schaltung eingebaut.

Flipflops werden z.B. zur Speicherung von Dualzahlen benutzt. Für jede Stelle der Dualzahl muß ein Flipflop vorgesehen werden. Ferner wird vereinbart, daß der Zustand des Ausgangs Q die jeweilige Dualziffer realisieren soll ($\overline{Q}$ verhält sich dann genau umgekehrt). In Bild 5-2 sind die Zustände der Flipflops eingetragen, wenn die Dualzahl LOOL gespeichert ist.

Wird der Ausgang Q des Flipflops über den Eingang S in den Zustand L gebracht, spricht man kurz von „Setzen" des Flipflops. Das Flipflop ist dann gesetzt. Der Eingang S heißt demnach „Setzeingang". Entsprechend heißt R „Rücksetzeingang". Das Flipflop wird über den Eingang R „zurückgesetzt". Da sich der Ausgang $\overline{Q}$ stets umgekehrt zum Ausgang Q verhält, wird $\overline{Q}$ als „invertierter" Ausgang zu Q bezeichnet. Die untersuchte Schaltung heißt genauer Rücksetz-Setz-Flipflop oder kurz RS-Flipflop.

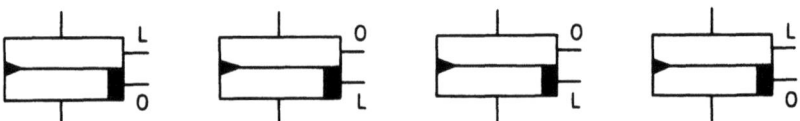

Bild 5-2. Dualzahlen können durch Flipflops gespeichert werden.

Ergebnis: Ein RS-Flipflop hat zwei stabile Zustände. Eine Zustandsänderung wird durch den Zustand O am Setz- oder am Rücksetzeingang erreicht.

Eine bistabile Kippstufe kann auch mit zwei Zuordnerschaltungen aufgebaut werden. Bild 5-3 zeigt eine Schaltung mit zwei NAND-Bausteinen. Im Teil a) der Darstellung wird die Parallele zur Schaltung von Versuch 5.1 deutlich. Sieht man von den beiden Eingängen S und R ab, besteht die Schaltung aus zwei rückgekoppelten Invertern. Durch Umzeichnen der Schaltung erhält man eine symmetrische Darstellung (Bild 5-3b), die als „kreuzgekoppelte" NAND-Schaltung bezeichnet wird.

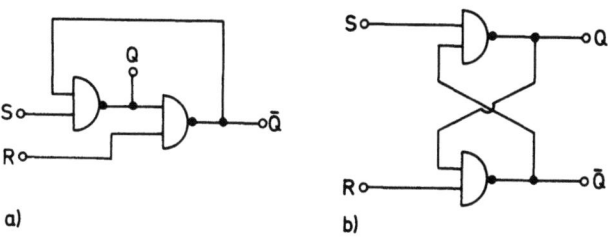

Bild 5-3. Ein RS-Flipflop aus zwei NAND-Bausteinen; die Darstellung a) hebt die Rückkopplung hervor, die Darstellung b) die Symmetrie der Schaltung.

▲ *Versuch 5.2:* Mit zwei NAND-Bausteinen wird die Schaltung nach Bild 5-3 aufgebaut.

Die Untersuchung der Schaltung zeigt, daß sie wie ein Flipflop wirkt. In Bild 5-4 sind die einzelnen Zustände eingetragen, die sich aufgrund der Zuordnungstabelle für die NAND-Schaltung ergeben.

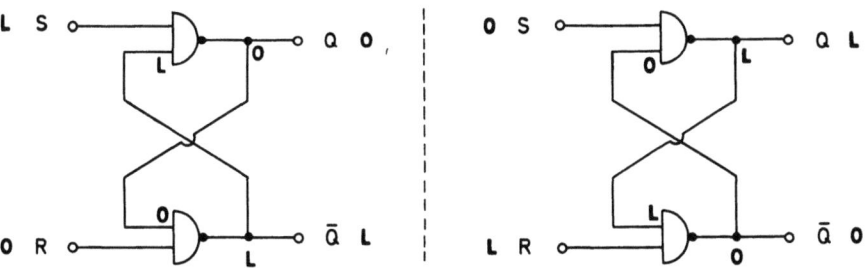

Bild 5-4. Die Wirkungsweise der kreuzgekoppelten NAND-Schaltung.

Eine gleichzeitige Belegung der Eingänge R und S mit dem gleichen Zustand sollte man vermeiden, weil das Verhalten des Flipflops dann nicht mehr definiert ist. Am Beispiel der kreuzgekoppelten NAND-Schaltung ist dieser Fall für eine gleichzeitige Belegung von R und S mit dem Zustand L im Bild 5-5 dargestellt. Es bleibt dabei dem Zufall überlassen, welchen Zustand das Flipflop annimmt.

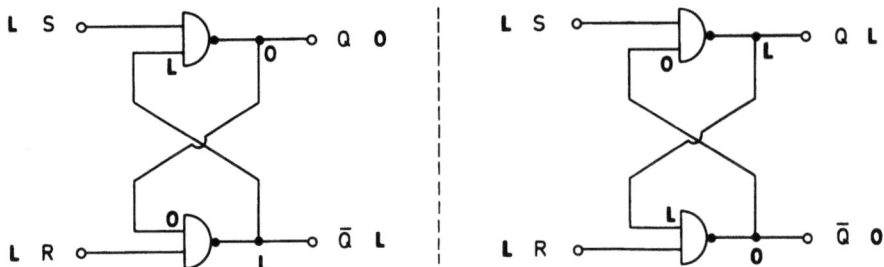

Bild 5-5. Werden R und S gleichzeitig mit dem Zustand L belegt, so ist das Verhalten des Flipflops nicht mehr vorherzusagen.

5.2. Dekodierung von Dualzahlen

Die bisher besprochenen Digitalbausteine sollen nun eingesetzt werden, um ein „Ratespiel" elektronisch zu lösen. Das Spiel kann folgenden Wortlaut haben: Man denke sich eine Zahl zwischen 0 und 7 (einschließlich) und beantworte die drei folgenden Fragen mit „ja" oder „nein":

Frage A: Ist die Zahl größer als drei?
Frage B: Bleibt ein größerer Rest als eins, wenn man durch vier teilt?
Frage C: Ist die gedachte Zahl ungerade?

Durch die Beantwortung der drei gestellten Fragen wird die gesuchte Zahl eindeutig bestimmt. So ist für die Zahl 5 die erste Frage mit „ja", die zweite mit „nein" und die dritte wieder mit „ja" zu beantworten. Einen vollständigen Überblick über die Struktur der Aufgabe erhält man, wenn alle Möglichkeiten tabellarisch erfaßt werden (Tabelle 5.2). Zur einfacheren Darstellung wird für „ja" das Zeichen „L" und für „nein" das Zeichen „O" gesetzt.

Tabelle 5.2

Frage A	Frage B	Frage C	gesuchte Zahl
0	0	0	0
0	0	L	1
0	L	0	2
0	L	L	3
L	0	0	4
L	0	L	5
L	L	0	6
L	L	L	7

Wie die Tabelle zeigt, tritt für jede Zahl zwischen 0 und 7 genau eine Reihenfolge der Zeichen O und L auf. Es besteht eine eindeutige Zuordnung zwischen der Darstellung mit den Zeichen O und L und den Zahlen von 0 bis 7.

Bei genauer Betrachtung der Tabelle erkennt man, daß für jede gesuchte Zahl die Antworten gerade in der Darstellung der Dualzahlen „verschlüsselt' erscheinen. Werden nun umgekehrt die Antworten bei dieser Verschlüsselung einer elektronischen Schaltung eingegeben, so kann die zugehörige Schaltung eine eingegebene Dualzahl in eine Dezimalzahl umwandeln. Diesen Vorgang nennt man „decodieren".

Will man das Ratespiel elektronisch lösen, so gibt man die gegebenen Antworten der Reihe nach in drei Flipflops ein. Die Zustände der Flipflops an den Q-Ausgängen entsprechen dann der Dualzahl. Für jede anzuzeigende Dezimalzahl ist lediglich noch ein UND-Baustein erforderlich.

▲ *Versuch 5.3:* Es wird eine Decodierschaltung für die Dezimalzahlen 6 und 2 aufgebaut. Der Schaltplan ist in Bild 5-6 dargestellt.

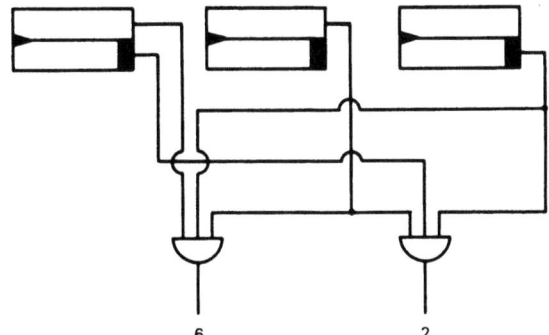

Bild 5-6. Eine Dekodierschaltung mit UND-Bausteinen.

Beobachtung: Wenn die Dualzahl 6 oder die Dualzahl 2 in die Speicher eingelesen wird, hat der zugehörige UND-Baustein am Ausgang den Zustand L.

Das läßt sich leicht erklären. Ist z.B. 6 als Dualzahl LL0 in die Speicher eingegeben worden, dann haben die Ausgänge Q der ersten beiden Flipflops den Zustand L. Der Q-Ausgang des letzten Flipflops hat den Zustand O, so daß der $\bar{Q}$-Ausgang den Zustand L annimmt. Ein UND-Baustein kann die Eingabe der Zahl 6 anzeigen, wenn seine Eingänge mit den Q-Ausgängen der ersten beiden Flipflops und mit dem $\bar{Q}$-Ausgang des letzten Flipflops verbunden werden. Schaltet man an den Ausgang des UND-Bausteins eine Glühlampe, vor der eine auf Transparentpapier gezeichnete 6 steht, so läßt sich die Dezimalzahl 6 optisch anzeigen (Bild 5-7).

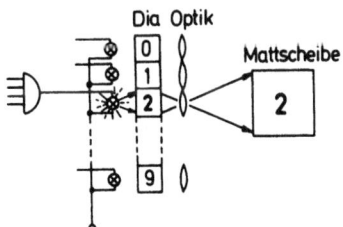

Bild 5-7. Eine einfache Anzeigemöglichkeit für die Dezimalziffern bei einer Dekodierschaltung.

Den Übergang von Dezimalzahlen zu Dualzahlen bezeichnet man als „Codieren". Das Codieren von Dezimalzahlen geschieht meist ziffernweise. Da zehn Ziffern 0 bis 9 codiert werden müssen, braucht man für jede Stelle der Dezimalzahl vier Flipflops (9 = LOOL). Der Dezimalzahl 926 entspricht im Dualsystem die Darstellung LOOL 00L0 0LL0.

Beim Decodieren wird dann aus jeder Viergruppe der Flipflops eine Dezimalziffer gewonnen. Dabei sind für jede Dezimalzahl zehn UND-Bausteine erforderlich. Zur Anzeige von Zahlen bis zu 999 braucht man daher insgesamt 30 UND-Bausteine.

Nach modernen Fertigungsverfahren gelingt es, Bausteine herzustellen, in denen eine vollständige Decodierschaltung enthalten ist und die nicht mehr aus einzelnen Bausteinen aufgebaut sind. Man spricht von „integrierten Schaltkreisen" oder kurz von „IC's" (Bild 5-8).

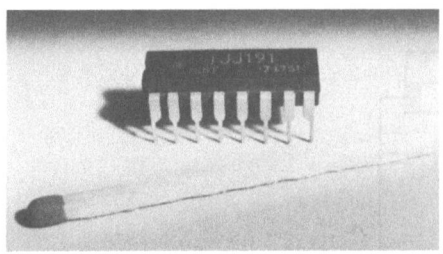

Bild 5-8. Ein integrierter Schaltkreis kann eine vollständige Decodierschaltung beinhalten.

Die Dezimalzahlen können mit auf durchscheinendem Material aufgezeichnete Ziffern angezeigt werden. In vielen Geräten sind Ziffernröhren im Gebrauch. Diese bestehen aus einem mit Gas gefüllten Glaskolben. Die einzelnen Ziffern sind aus einem Draht geformt, der mit einem elektrischen Anschluß nach außen versehen ist und als Kathode dient. Außerdem befindet sich in der Röhre ein weiterer Anschluß, die Anode.

▲ *Versuch 5.4:* Eine Ziffernanzeigeröhre wird über eine Transistorstufe und einen Widerstand an eine Energiequelle angeschlossen (Bild 5-9).

 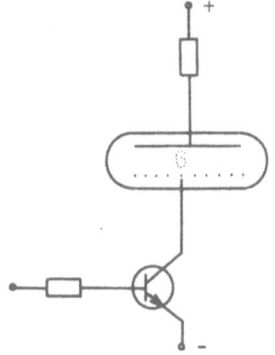

Bild 5-9. Bei der elektrischen Anzeige von Zahlen können Ziffernröhren benutzt werden (Cantzler-Foto, Hamburg).

Die Ziffernröhren arbeiten nach dem Prinzip einer Glimmlampe. Der zur jeweiligen Ziffer gekrümmte Draht wird mit dem Minuspol und die Anode über den Schutzwiderstand mit dem Pluspol der Energiequelle verbunden. Dann bildet sich um den Draht eine Leuchterscheinung aus, das „negative Glimmlicht".

Welche Ziffer angezeigt werden soll, wird über die Transistorstufe gesteuert. Erhält die Basis den Zustand L, so wird der Transistor leitend und die zugehörige Zahl leuchtet auf. Ist der Transistor gesperrt, so kann an der zugehörigen Zahl keine Gasentladung einsetzen, da die Verbindung zum Minuspol unterbrochen ist.

5.3. Eine elektronische Verriegelungsschaltung

In diesem Abschnitt soll ein weiteres Anwendungsbeispiel für die bereits untersuchten elektronischen Bausteine erläutert werden.

Es sei das Problem gestellt, ein Gerät, wie z.B. einen Fernseher, ein Telefon oder einen Tresor, vor der Benutzung durch Unbefugte zu schützen. Neben zahlreichen mechanischen Möglichkeiten werden in immer stärkerem Maße elektronische Verriegelungsschaltungen eingesetzt, da sie besonders betriebssicher sind.

Ein solches elektronisches Schloß kann so arbeiten, daß es sich nur nach Eingabe einer bestimmten Zahl öffnet. Wird eine falsche Zahl benutzt, kann zusätzlich eine Alarmanlage betätigt werden.

Die Codezahl wird über ein „Codierfeld", das aus einem Tastenschalter mit zehn Schaltstellungen besteht, eingegeben. Beschränkt man sich auf zweistellige Lösungszahlen, so werden lediglich zwei Flipflops, ein UND-Baustein und ein Inverter benötigt. Der folgende Versuch stellt den Aufbau dar, wenn die Lösungszahl 28 ist.

▲ *Versuch 5.5:* Die Setzeingänge zweier Flipflops werden mit den Schaltstellungen 2 und 8 des Tastenschalters verbunden. Die Q-Ausgänge der Flipflops führen zu einem UND-Baustein. Die Schaltstellungen „falsche Zahl" werden mit den Rücksetzeingängen und einem Inverter verbunden (Bild 5-10).

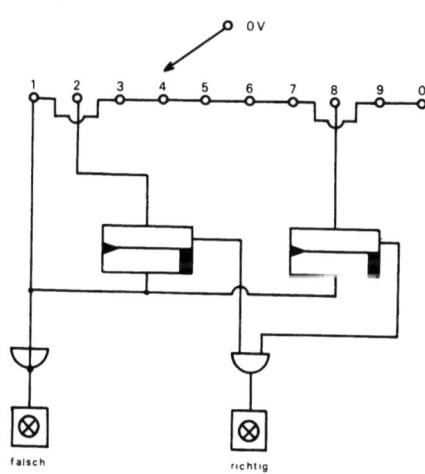

Bild 5-10. Ein einfaches elektronisches Schloß: Die Glühlampen zeigen in dem Modellversuch den Zustand „geöffnet" bzw. „Alarm" an.

Die Arbeitsweise der Schaltung ergibt sich unmittelbar aus den Eigenschaften der benutzten Bausteine. Wird zunächst die Ziffer 2 auf dem Codierfeld eingestellt, so wird das linke Flipflop gesetzt, weil sein Setzeingang mit 0 V verbunden ist. Als nächstes wird mit dem Tastenschalter die Ziffer 8 eingestellt, so daß nun auch das rechte Flipflop gesetzt ist. Da jetzt beide Q-Ausgänge den Zustand L haben, nimmt auch der Ausgang des UND-Bausteins den Zustand L an. Deshalb leuchtet die nachgeschaltete Glühlampe auf und zeigt „richtige Zahl" an. Der Zustand am Ausgang des UND-Bausteines würde bei einer technischen Ausführung ein Relais ansteuern. Dieses kann das Gerät einschalten oder die Verriegelung lösen.

Was geschieht nun, wenn eine falsche Zahl eingestellt wird? Ist z.B. die 2 als erste Ziffer richtig eingegeben worden, jedoch als zweite Ziffer statt der 8 eine 7, so nimmt der Ausgang des Inverters den Zustand L an. Die Lampe für den Alarm leuchtet auf. Gleichzeitig wird das durch die Eingabe der Ziffer 2 gesetzte Flipflop über den Rücksetzeingang wieder zurückgesetzt. Dadurch wird vermieden, daß durch schnelles Probieren aller Ziffern das Schloß geöffnet werden kann.

Die im Bild 5-10 dargestellte Schaltung für ein elektronisches Schloß hat noch einen Nachteil: Die Lösungszahl ist nicht eindeutig. Auch bei umgekehrter Reihenfolge der Ziffern, d.h. durch die Zahl 82, werden die Flipflops gesetzt. Um eine eindeutige Lösung zu erhalten, muß die Reihenfolge der Eingabe in der Schaltung beachtet werden. Für das Beispiel „28" bedeutet dies: Nur wenn die Ziffer 2 bereits eingegeben worden ist, darf die Eingabe der Ziffer 8 das zugehörige Flipflop setzen. Schaltungstechnisch läßt sich diese Bedingung mit einem NAND-Baustein erreichen.

▲ *Versuch 5.6:* In einem Versuchsaufbau nach dem Schaltplan von Bild 5-11 werden verschiedene Belegungen des Codierfeldes ausprobiert.

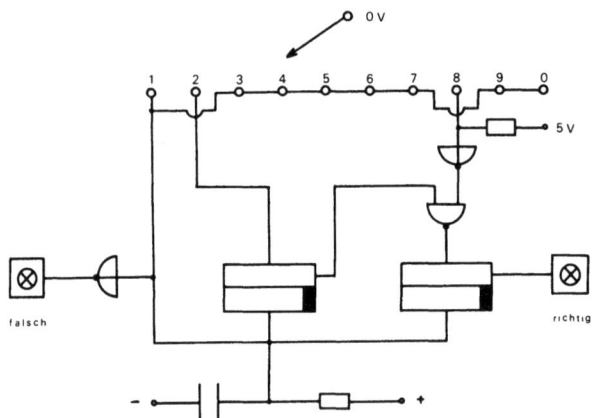

Bild 5-11. Eine elektronische Verriegelungsschaltung mit zweistelliger Lösungszahl und Rücksetzautomatik.

Beobachtung: Nur wenn die Ziffern 2 und 8 in dieser Reihenfolge eingegeben werden, leuchtet die Lampe „richtig" auf. Im Gegensatz zur zuvor entwickelten Schaltung kann das rechte Flipflop erst dann gesetzt werden, wenn der Q-Ausgang des linken Flipflops den Zustand L hat. Ein UND-Baustein für die Anzeige „richtig" ist nun nicht mehr erforderlich. Statt dessen muß dafür gesorgt werden, daß der eine Eingang des UND-Bausteines den Zustand O hat, wenn die Ziffer 8 nicht eingestellt ist. Dies geschieht durch die Verbindung zum Pluspol über den Inverter und den Widerstand.

Eine weitere Besonderheit ist in die Schaltung aufgenommen worden. Beim Einschalten des Gerätes muß nämlich sichergestellt sein, daß beide Flipflops zurückgesetzt sind. Welchen Zustand ein Flipflop beim Einschalten annimmt, ist im allgemeinen dem Zufall überlassen, da kein Zustand vor dem anderen vorrangig ist. Eine spezielle „Rücksetzautomatik" kann verhindern, daß beim Einschalten beide Flipflops zufällig gesetzt sind und dadurch bereits das Schloß geöffnet wird. Das automatische Rücksetzen wird durch eine RC-Schaltung bewirkt. Der Kondensator ist vor dem Einschalten ungeladen. Beim Einschalten fließt der relativ große Ladestrom, so daß der Kondensator einen kleinen Widerstand hat. Dadurch liegen die Rücksetzeingänge der beiden Flipflops für kurze Zeit am Minuspol. Ihre Q-Ausgänge erhalten den Zustand O. Nach längerer Zeit ist der Kondensator aufgeladen, am Rücksetzeingang liegt der Zustand L, der bei industriell gefertigten RS-Flipflops keinen Einfluß auf das Verhalten der Ausgänge hat.

Soll das Schloß für größere Lösungszahlen ausgelegt werden, muß für jede Stelle ein weiteres Flipflop vorgesehen werden. Allerdings wird die Schaltung umfangreicher, wenn auch Ziffernwiederholungen bei der Lösungszahl zugelassen werden.

5.4. Ein Flipflop mit Zwischenspeicher

Das im Abschnitt 5.1 beschriebene Flipflop wurde bei den Anwendungsbeispielen zur Speicherung von Dualzahlen oder allgemein einer „binären" Information benutzt. Das Setzen und Rücksetzen erfolgt bei diesem Flipfloptyp „per Hand" durch kurzzeitige Verbindung der R- oder S-Eingänge mit dem Minuspol der Batterie. Eine elektronische, vollautomatische Verarbeitung einer Information wird aber erst dann zufriedenstellend sein, wenn das Einlesen in ein Flipflop durch einen „elektrischen Befehl" erfolgen kann. Elektrische Befehle stehen in Form von Spannungsimpulsen zur Verfügung. Deshalb soll nun ein Flipfloptyp entwickelt werden, der durch einen Impuls seinen Zustand ändern kann.

Ein solches verbessertes Flipflop muß über zwei „Vorbereitungseingänge" V_1 und V_2 verfügen. Legt man dann an V_1 den Zustand L und an V_2 den Zustand O, so soll aufgrund eines Impulses der Zustand L von dem Flipflop übernommen werden. Man sagt: Das Flipflop wird durch den Impuls „getaktet". Es übernimmt die an den Vorbereitungseingängen liegenden Information.

▲ *Versuch 5.7:* An das Flipflop der Schaltung nach Bild 5-12 wird ein Impuls gegeben, wobei V_1 den Zustand L und V_2 den Zustand O hat.

Beobachtung: Bei der aufsteigenden Flanke des Impulses übernimmt das Flipflop den Zustand L, Q erhält den Zustand L und $\overline{Q}$ den Zustand O. Dies ist unabhängig davon, welchen Zustand die Ausgänge vorher hatten.

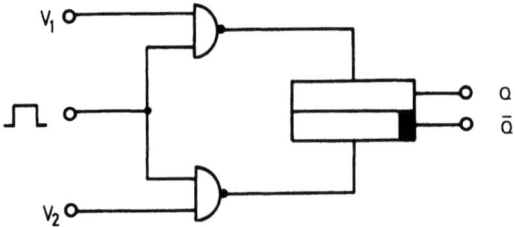

Bild 5-12. Bei einem „getakteten" RS-Flipflop wird die Eingangsinformation bei der aufsteigenden Flanke vom Flipflop übernommen.

Erklärung: Erscheint noch kein Impuls, so haben beide Ausgänge der NAND-Bausteine den Zustand L. Das Flipflop behält seinen Zustand. Aufgrund der aufsteigenden Flanke des Impulses liegt an beiden Eingängen des oberen NAND-Bausteines der Zustand L. Daher erhält der Ausgang den Zustand O. Dadurch wird das Flipflop gesetzt, und der Ausgang Q nimmt den Zustand L (von V_1) an. Am unteren NAND-Baustein bleibt der Impuls ohne Wirkung, da an V_2 der Zustand O liegt.

Entsprechend arbeitet die Schaltung, wenn V_1 den Zustand O und V_2 den Zustand L hat. Bei aufsteigender Flanke geht nun der Ausgang des unteren NAND-Bausteins auf O, so daß das Flipflop rückgesetzt wird. Seine Ausgänge übernehmen die an den Eingängen liegenden Informationen und speichern sie. Das Verhalten des getakteten RS-Flipflops kann tabellarisch zusammengefaßt werden (Tabelle 5.3).

Tabelle 5.3

V_1	V_2	⌐	Q	$\bar{Q}$
0	L		0	L
L	0		L	0

Soll die Übernahme in das Flipflop bei der abfallenden Flanke des Taktimpulses erfolgen, wird der Impuls über einen Inverter geleitet. Danach liegen wieder die zuvor untersuchten Verhältnisse vor.

Aus dem Schaltplan ist ersichtlich, daß nicht beide Eingänge V_1 und V_2 gleichzeitig den Zustand L annehmen dürfen. Beide NAND-Bausteine würden am Ausgang den Zustand O haben. Dadurch entsteht für das Flipflop ein instabiler Zustand. Auch die Belegung $V_1 = 0$ und $V_2 = 0$ ist nicht sinnvoll, da dann ein Impuls ohne Wirkung bleiben würde.

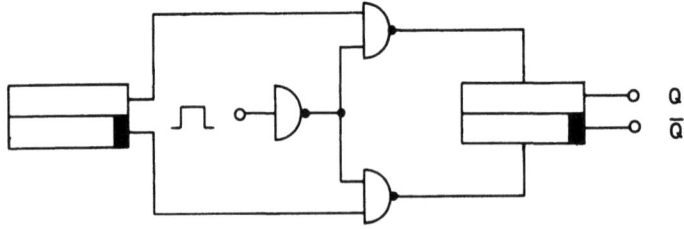

Bild 5-13. Gleiche Belegung an den Eingängen wird durch ein zweites Flipflop vermieden.

Um zu vermeiden, daß beide Eingänge gleichzeitig den gleichen Zustand annehmen, nimmt man die Belegung von V_1 und V_2 zweckmäßig mit einem zweiten Flipflop vor. Bild 5-13 zeigt den zugehörigen Schaltplan, wobei die Übernahme in das „eigentliche" Flipflop bei der abfallenden Flanke des Impulses erfolgt.

Das getaktete RS-Flipflop hat einen Nachteil: Die Zustände an den Vorbereitungseingängen werden sofort in das Flipflop übernommen. Der Zustand des Flipflops ändert sich so schnell, daß der vorher vorhandene Zustand nicht mehr mit dem gleichen Impuls weitergegeben werden kann (z. B. an weitere, nachgeschaltete RS-Flipflops). Deshalb hat man einen weiteren Flipfloptyp entwickelt, der mit einem Zwischenspeicher arbeitet, das sogenannte Master-Slave-Flipflop.

▲ *Versuch 5.8:* Die Schaltung nach Bild 5-14 wird für die Eingangszustände J = L und K = O untersucht.

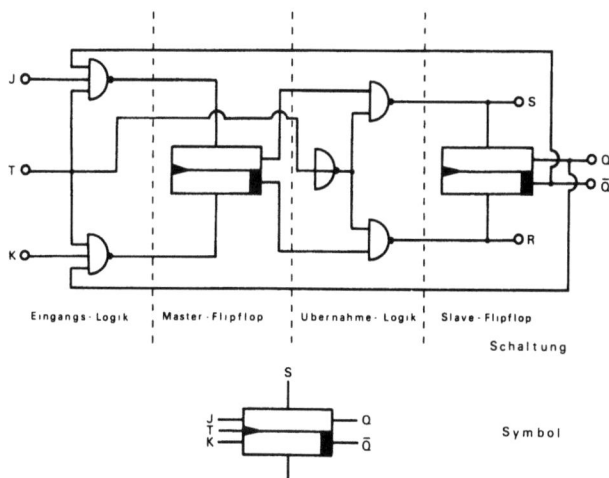

Bild 5-14
Schaltplan für das Master-Slave-Flipflop.

Beobachtung: Bei der ansteigenden Flanke wird der Eingangszustand in das erste Flipflop (Master-Flipflop) übernommen. Die abfallende Flanke bewirkt eine Übernahme in das zweite Flipflop (Slave-Flipflop).

Ungeachtet der Rückführung von den Q- und $\overline{Q}$-Ausgängen an die NAND-Bausteine am Eingang („Eingangslogik"), läßt sich die Schaltung mit dem Verhalten des getakteten RS-Flipflops erklären. Die Eingangslogik bildet mit dem Master-Flipflop ein getaktetes RS-Flipflop, was eine Übernahme bei ansteigender Flanke bewirkt. Die „Übernahmelogik" (Bild 5-14) ist zusammen mit dem Slave-Flipflop ein weiteres getaktetes RS-Flipflop, das aufgrund des Inverters bei abfallender Flanke arbeitet.

Ergebnis: Der am Eingang liegende Zustand wird bei einem Master-Slave-Flipflop bei abfallender Flanke an den Ausgang weitergegeben.

Das Master-Slave-Flipflop hat nun den Vorteil, daß in der Zeit zwischen der aufsteigenden und der abfallenden Flanke zwar bereits die Eingangsinformation gespeichert ist, (im Master-Flipflop), doch die Ausgänge Q und $\overline{Q}$ noch den ursprünglichen Zustand haben.

Dieser „alte" Zustand kann durch den gleichen Impuls bei ansteigender Flanke noch weitergegeben werden.

Die Rückführung von den Ausgängen Q und $\bar{Q}$ auf die Eingangslogik vermeidet, daß bei ansteigender Flanke beide NAND-Bausteine den Zustand O am Ausgang annehmen. Am Eingang eines der beiden NAND-Bausteine liegt nämlich immer der Zustand O. Warum die Rückführung „überkreuzt" ausgeführt werden muß, geht aus dem Schaltplan und den bisherigen Überlegungen hervor.

5.5. Frequenzteilerschaltungen

Die Rückkopplung der Ausgänge eines Flipflops auf seine Eingänge wurde beim Master-Slave-Flipflop notwendig, weil beim Masterteil sichergestellt werden mußte, daß Setz- und Rücksetzeingang nicht den gleichen Zustand erhalten. Werden daher die Eingänge J und K von außen nicht beschaltet, wirkt die Rückkopplung so, als ob der J-Eingang mit dem Zustand von $\bar{Q}$ und der K-Eingang mit dem Zustand von Q belegt sind. Diese Zustände liegen nämlich an den NAND-Bausteinen der Eingangslogik und die unbeschalteten Eingänge J und K haben den Zustand L (vgl. Abschnitt 3.4).

▲ *Versuch 5.9:* An den Takteingang eines unbeschalteten Flipflops wird eine Rechteckspannung gelegt. Die Zustände der Rechteckspannung und des Q-Ausganges werden mit Glühlampen angezeigt (Bild 5-15).

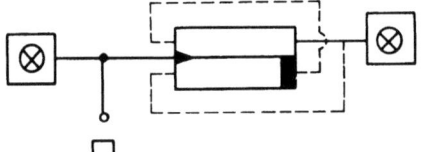

Bild 5-15
Mit einem Flipflop kann eine Frequenzteilung erreicht werden. (Die interne Rückkopplung ist gestrichelt eingezeichnet.)

Beobachtung: Die Glühlampe am Flipflop leuchtet mit der halben Frequenz der Rechteckspannung auf.

Die Wirkungsweise der Schaltung ist auf die interne Rückkopplung im Flipflop zurückzuführen. Tabelle 5.4 zeigt die Zustände an den Eingängen und Ausgängen beim Ablauf einer Impulsfolge.

Tabelle 5.4

J	K	Q	$\bar{Q}$	
L	0	0	L	Abfallende Flanke des Impulses
		L	0	Rückkopplung im Flipflop
0	L	L	0	
		0	L	Abfallende Flanke des Impulses
L	0	0	L	Rückkopplung im Flipflop

Bezeichnet man als „Zustand des Flipflops" den Zustand an seinem Q-Ausgang, so zeigt sich, daß bei jeder abfallenden Flanke der Zustand des Flipflops geändert wird. Dadurch entsteht nach jeder zweiten abfallenden Flanke am Eingang (häufig spricht man auch vom „Taktsignal") am Q-Ausgang ein Übergang von L auf O, also auf jeden Fall eine abfallende Flanke.

Ergebnis: Am Ausgang Q des Flipflops entsteht eine Impulsfolge mit der halben Frequenz der Eingangsimpulsfolge.

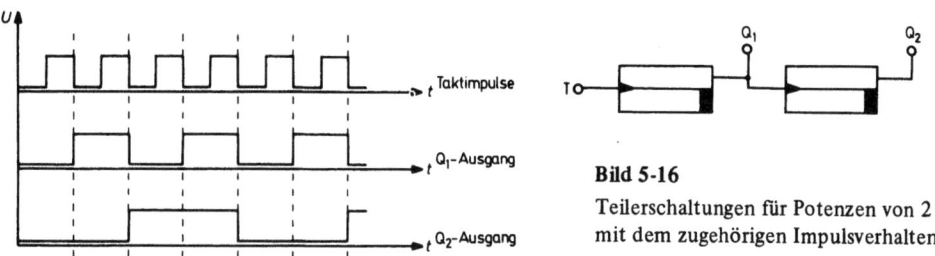

Bild 5-16
Teilerschaltungen für Potenzen von 2 mit dem zugehörigen Impulsverhalten.

Wird nun ein weiteres Flipflop nachgeschaltet, so wie es Bild 5-16 zeigt, wird das Flipflop vom Q-Ausgang des vorangegangenen angesteuert. Sein Zustand ändert sich nur dann, wenn beim ersten Flipflop am Ausgang ein Übergang von L auf O stattfindet. Am Ausgang Q_2 (Bild 5-16) entsteht eine Impulsfolge mit einem Viertel der ursprünglichen Eingangsfrequenz. Bei jedem weiteren Flipflop kann eine erneute Frequenzteilung vorgenommen werden. Mit einer solchen **Teilerschaltung** können daher Frequenzverhältnisse von 1:2, 1:4, 1:8, 1:16 usw. erzeugt werden.

Eine interessante Anwendung einer Teilerschaltung entsteht, wenn die Schaltung „rückwärts" aufgebaut wird.

▲ *Versuch 5.10:* Es wird eine Frequenzteilerschaltung nach Bild 5-17 aufgebaut.

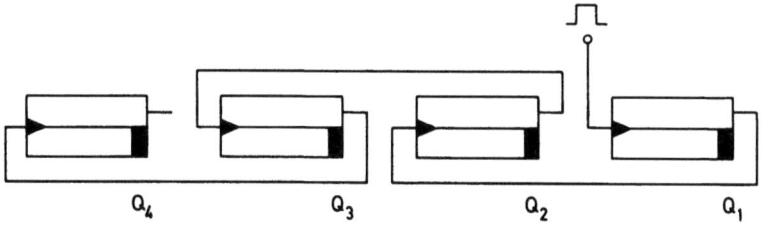

Bild 5-17. Mit Flipflop-Bausteinen kann elektronisch im Dualsystem gezählt werden.

Man beobachtet an den Zuständen der Flipflops, daß sie die Anzahl der Taktimpulse im Dualsystem angeben. Da jedes Flipflop nur dann seinen Zustand ändert, wenn eine abfallende Flanke an seinem Eingang liegt, ergibt sich die Tabelle von Bild 5-18. Mit der untersuchten Schaltung können daher elektronisch Impulse gezählt werden.

Da der Zähler nach dem 15. Taktimpuls wieder den Zustand 0 0 0 0 annimmt, spricht man von einem Zähler „modulo 16", die Zahl 16 wird nicht mehr angezeigt. Würde man noch ein fünftes Flipflop vorsehen, ergäbe sich nach dem 16. Takt der Zustand

Q_5 Q_4 Q_3 Q_2 Q_1
L 0 0 0 0 ,

Taktimpuls	Q_4	Q_3	Q_2	Q_1
0	0	0	0	0
1	0	0	0	L
2	0	0	L	0
3	0	0	L	L
4	0	L	0	0
5	0	L	0	L
6	0	L	L	0
7	0	L	L	L
8	L	0	0	0
9	L	0	0	L
10	L	0	L	0
11	L	0	L	L
12	L	L	0	0
13	L	L	0	L
14	L	L	L	0
15	L	L	L	L
16	0	0	0	0
17	0	0	0	L
.	.	.	.	.
.	.	.	.	.

Bild 5-18
Die Zustände der einzelnen Flipflops nach jedem Taktsignal.

nach weiteren 15 Taktimpulsen hätten die Flipflops den Zustand L L L L L erreicht, so daß der Zähler nach der Zahl 31 wieder auf Null springen würde. Allgemein kann man untersuchen, daß mit n Flipflops bis zur Zahl $2^n - 1$, d.h. modulo n, gezählt werden kann.

Da in elektronischen Zählern meistens die Anzeige nicht dual erscheint, sondern mit einer Decodierschaltung eine Dezimalanzeige vorgenommen wird, benutzt man Zähler, die dem Dezimalsystem entsprechend nach dem neunten Taktimpuls wieder auf Null springen. Statt der Dualzahl L0L0 (zehn) muß der Zustand 0000 am Zähler eingestellt werden. Dies wird durch Rücksetzen aller Flipflops erreicht.

▲ *Versuch 5.11:* Bei einem Dualzähler wird der Zustand L0L0 mit einem UND-Baustein „abgegriffen". An einem nachgeschalteten Inverter entsteht genau dann der Zustand 0, wenn der Zähler den Zustand L0L0 erreicht hat. Der Ausgang des Inverters wird mit den Rücksetzeingängen der Flipflops verbunden (Bild 5-19).

Beobachtung: Nach der Zahl 9 = L00L geht der Zähler auf die Zahl 0 = 0000 zurück.

Erklärung: Der nächste Zustand L0L0 nach der Neun (L00L) wird vom Zähler nur für ganz kurze Zeit angenommen, bis alle Flipflops über den UND-Baustein und den Inverter zurückgesetzt werden. Dieser Vorgang läuft so schnell ab, daß nach der Neun sofort der neue Zustand 0000 beobachtet wird.

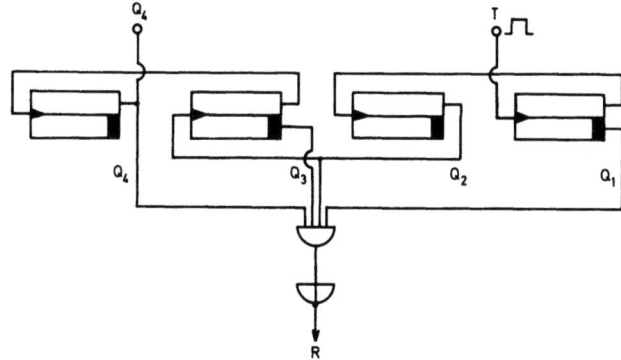

Bild 5-19. Bei einem Zehnerzähler wird statt des Zustandes L0L0 der Zustand 0000 eingestellt.

Jeder Dualzähler kann als Frequenzteilerschaltung arbeiten, bei der die Frequenz durch Potenzen von 2 geteilt wird. Ebenso läßt sich ein Zehnerzähler bei einer Teilung durch 10 einsetzen, wenn der Q_4-Ausgang (Bild 5-19) als Ausgang der Teilerschaltung gewählt wird. Der Q_4-Ausgang geht nämlich beim 8. Taktimpuls auf den Zustand L (Zählerstand L000) und nach dem 9. Taktimpuls entsteht eine abfallende Flanke bei Q_4, weil der Zähler vom Zustand L00L in den Zustand 0000 übergeht.

Ergebnis: Jeder Zehnerzähler kann als ein Teiler durch 10 benutzt werden.

Ähnlich wie beim Teiler durch 10 lassen sich durch veränderte Rücksetzschaltungen auch andere Teilverhältnisse erreichen (Bild 5-20).

▲ *Versuch 5.12:* Zwei Flipflops werden als Teiler geschaltet. Der Zustand LL der Flipflops wird über einen UND-Baustein abgegriffen und einem Inverter zugeführt.

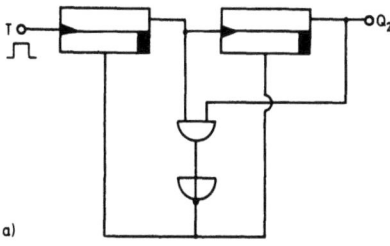

a)

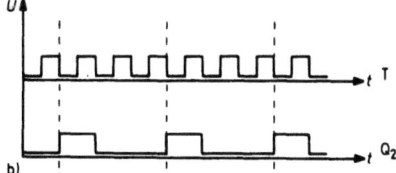

b)

Bild 5-20
a) Schaltplan für einen Frequenzteiler durch 3;
b) Impulsverhalten am Takteingang und am Ausgang Q_2.

Man beobachtet, daß immer dann der Inverter den Zustand 0 am Ausgang annimmt, wenn an den Flipflops der Zustand LL vorliegt. Führt man nun den Ausgang des Inverters an die Rücksetzeingänge, kann sich nicht mehr der Zustand LL an den Flipflops einstellen. Stattdessen geht der Teiler in den Zustand 00 über. Es ergibt sich Tabelle 5.4, wenn die Zustände nach jedem Taktimpuls eingetragen werden:

Tabelle 5.4

Q_1	Q_2
0	0
L	0
0	L
0	0
L	0
0	L
0	0

Ergebnis: Nach jedem dritten Taktimpuls tritt wieder der alte Zustand an den Flipflops auf. Es entsteht ein „Teiler durch 3".

Mit einem Lautsprecherverstärker kann man die Frequenzteilung hörbar machen. Bei einem Teiler durch 2 entsteht ein Oktave-Sprung, bei einem Teiler durch 3 die Quinte, bzw. die Quarte.

5.6. Ein elektronisches Zählgerät

In vielen Bereichen der Technik werden elektronische Zähler benötigt. Der grundsätzliche Aufbau eines elektronischen Zählers ist im vorangegangenen Abschnitt besprochen worden. Für jede Stelle im Zehnersystem wird ein Zehnerzähler, eine zugehörige Decodierschaltung und eine Anzeigeröhre benötigt. Der Übertrag für die nächste Stelle steht jeweils am Q_4-Ausgang des Zehnerzählers zur Verfügung, da bei Q_4 nach dem neunten Impuls eine abfallende Flanke entsteht.

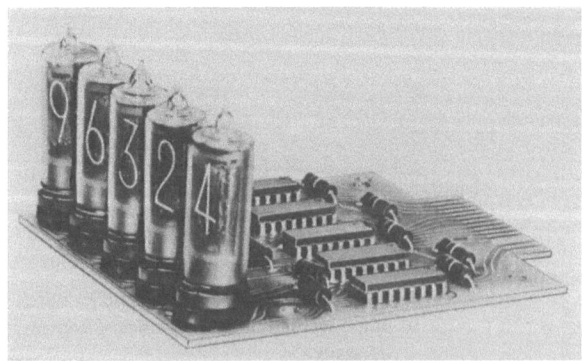

Bild 5-21. Das Kernstück eines elektronischen Zählers bildet ein integriertes Zählsystem, das im Steckkartenformat gefertigt wird (Werkfoto Alfred Neye, Enatechnik, Quickborn).

In einen elektronischen Zähler gehören neben der eigentlichen Zähleinheit noch zusätzliche elektronische Schaltungen, die den jeweiligen Problemen entsprechend erstellt werden müssen. Dies soll am Beispiel einer Stückgutzählung bei einem Fließband erläutert werden.

Bei einem Fertigungsprozeß soll die Anzahl der hergestellten Geräte, z. B. Fernsehapparate, gezählt werden. Wenn die Geräte auf einem Fließband zur Verpackungsabteilung transportiert werden, läßt sich leicht mit einer Lichtschranke eine kontaktlose Zählung durchführen.

▲ *Versuch 5.13:* Es wird der Versuchsaufbau für einen elektronischen Zähler nach dem Schaltplan von Bild 5-22 aufgebaut.

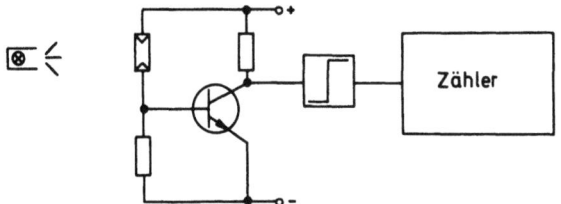

Bild 5-22
Schaltplan für eine Zählvorrichtung mit einer Lichtschranke.

Man beobachtet, daß immer dann, wenn ein Gegenstand aus der Lichtschranke heraustritt, der Zähler um 1 weiterzählt.

Die einzelnen Schaltelemente haben folgende Aufgabe: Der Transistor bildet mit dem Fotowiderstand und den beiden ohmschen Widerständen eine Lichtschranke im Hellbetrieb. Tritt durch die Lichtschranke ein Gegenstand hindurch, so entsteht ein Spannungsimpuls. Die Reihenfolge der Zustandsänderung am Kollektor ist 0 – L – 0. Der Impulsformer erzeugt aus dem Lichtschrankenimpuls einen Rechteckimpuls, mit dem der Zähler angesteuert wird. Da die abfallende Flanke beim Austritt des Gegenstandes aus der Lichtschranke auftritt, wird erst dann vom Zähler um 1 weitergezählt.

Soll der Zählvorgang bereits beim Eintritt des Gegenstandes in die Lichtschranke ausgelöst werden, muß zwischen den Transistor und den Impulsformer ein Inverter geschaltet werden. Dann entsteht am Ausgang des Inverters die Zustandsfolge L – 0 – L, also eine abfallende Flanke bereits beim Eintritt des Gegenstandes in die Lichtschranke.

Sollen elektrische Impulse, z. B. die Netzfrequenz, gezählt werden, bereitet das Einschalten zunächst Schwierigkeiten. Wird nämlich eine Rechteckspannung über einen normalen Schalter an den Eingang des Zählers gelegt, treten beim Schließen des Schalters „Kontaktprellungen" auf. Der mechanische Schalter schlägt kurz mehrmals hintereinander gegen die Kontaktstelle, bis eine leitende Verbindung hergestellt ist. Dadurch entsteht zwangsläufig eine Fehlmessung, da die kurzen Unterbrechungen zu Störimpulsen führen. Die Schwierigkeit kann mit einem „prellfreien" Schalter behoben werden.

▲ *Versuch 5.14:* Es wird ein prellfreier Schalter aus einem Flipflop und einem UND-Baustein aufgebaut (Bild 5-23).

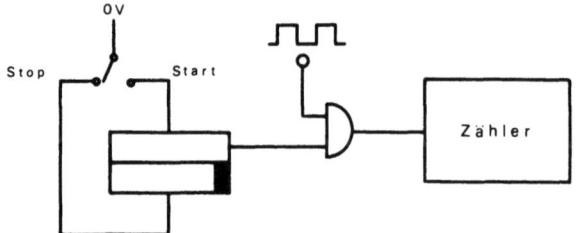

Bild 5-23
Der mechanische Start eines Zählvorganges muß mit einem prellfreien Schalter durchgeführt werden.

Mit dem Umschalter kann der Start für den Zählvorgang ausgelöst werden. Denn war zunächst das Flipflop zurückgesetzt, so lag an einem Eingang vom UND-Baustein der Zustand O. Dann hatte auch der Ausgang ungeachtet der elektrischen Impulse vom Impulsgeber ständig den Zustand O. Wird nun das Flipflop mit dem Umschalter gesetzt, so folgt der Ausgang des UND-Bausteins genau den elektrischen Impulsen, weil der eine Eingang ständig den Zustand L hat.

Auch wenn der Umschalter beim Schalten mehrmals kurz hintereinander die Kontaktstelle berührt, wird das Flipflop bereits bei der ersten Berührung gesetzt. Kurze Unterbrechungen während des Schaltens ändern den Zustand des Flipflops nicht.

Wird die Anzahl der Impulse in einem bestimmten Zeitintervall gemessen, kann die Frequenz der Rechteckspannung gemessen werden. Benutzt man z.B. umgeformte Netzspannung, so ergeben sich in einer Minute genau 3000 Impulse, die Frequenz beträgt dann $\frac{3000}{60\,s} = 50\,Hz$. Umgekehrt kann mit dem Versuchsaufbau auch eine Zeitmessung vorgenommen werden. Bei bekannter Frequenz, z.B. Netzfrequenz, wird die Anzahl der Impulse gemessen. Die Meßzeit t_M läßt sich dann berechnen nach $t_M = \frac{\text{Anzahl der Impulse}}{50\,Hz}$.
Der Vorteil einer solchen elektronischen Zeitmessung liegt in der hohen Meßgenauigkeit und der bequemen Start-Stop-Möglichkeit.

Der Versuchsaufbau von Versuch 5.14 soll nun so erweitert werden, daß eine Kurzzeitmessung möglich wird. Als Problem sei gestellt, die Geschwindigkeit einer Kugel (z.B. bei einem Fadenpendel) zu bestimmen. Dazu ist es erforderlich, die für einen bestimmten Weg benötigte Zeit zu ermitteln.

Eine praktische Möglichkeit ergibt sich mit einer Lichtschranke. Man mißt die Zeit, die die Kugel benötigt, durch die Lichtschranke zu kommen. Dann ist der in dieser Zeit zurückgelegte Weg durch den Durchmesser der Kugel gegeben, wenn sie zentral in die Lichtschranke eintritt. Der Zeitmesser muß genau dann starten, wenn die Kugel in die Lichtschranke eintritt. Bei ihrem Austritt aus der Lichtschranke muß der Zähler wieder gestoppt werden.

▲ *Versuch 5.15:* Es wird ein Kurzzeitmesser nach dem Schaltplan von Bild 5-24 aufgebaut.

Der „Zeitgeber" kann durch die Netzfrequenz gegeben werden. Dann bedeutet jeder gezählte Impuls $\frac{1}{50}$ Sekunde. Die Kombination des Flipflops und des UND-Bausteins wirkt genauso wie beim prellfreien Schalter. Die Ansteuerung erfolgt hier nicht über einen Umschalter, sondern mit dem Inverter I_2. Start und Stop können nun mit einem Impuls bewirkt werden: Ist der Fotowiderstand beleuchtet, leitet der Transistor, so daß am Eingang

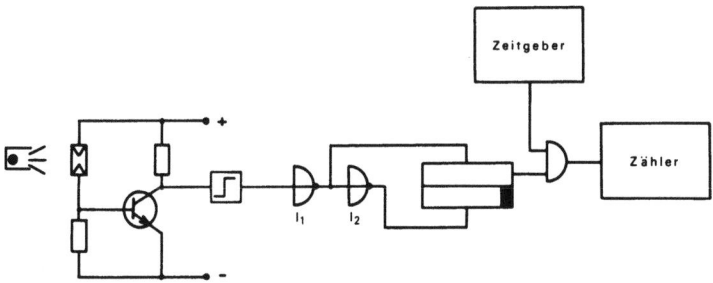

Bild 5-24. Die Impulse werden gezählt, solange der Fotowiderstand abgedunkelt wird.

vom Inverter I_1 der Zustand O liegt. Dieser Zustand wird auf den Ausgang vom Inverter I_2 übertragen, das Flipflop ist zurückgesetzt. Der Zähler ist gestoppt.

Wird nun die Lichtschranke abgedunkelt, sperrt der Transistor und am Eingang von I_1 ist Zustand L, so daß an seinem Ausgang der Zustand O entsteht. Dadurch wird das Flipflop gesetzt, so daß der Zähler gestartet wird. Da jeder gezählte Impuls einer Zeit von $\frac{1}{50}$ s entspricht, kann aus der Anzahl der Impulse die Zeit berechnet werden, während der die Lichtschranke abgedunkelt war.

Um die Genauigkeit eines elektronischen Zählers zu steigern, müssen andere Zeitgeber benutzt werden. Denn bei Verwendung der Netzspannung können auf keinen Fall Zeiten gemessen werden, die kürzer als $\frac{1}{50}$ s sind. Deshalb benutzt man für Zeitmesser meistens Zeitgeber mit wesentlich höherer Frequenz. Der nächste Abschnitt zeigt auf, wie man elektronische Zeitgeber entwickeln kann.

5.7. Die astabile Kippstufe

Die Möglichkeit, eine Rechteckspannung durch Impulsformung, z.B. aus der sinusförmigen Netzspannung, zu erhalten, ist im Abschnitt 4.2 ausführlich besprochen worden. Eine Schaltung, die als Generator Rechteckimpulse erzeugt, wird **astabile Kippstufe** oder **astabiler Multivibrator** genannt. Das automatische regelmäßige Umschalten der Transistoren von leitend in nichtleitend wird von Kondensatoren bewirkt, deren Zeitverhalten das Tastverhältnis der Impulsfolge bestimmt.

Die Wirkungsweise eines Kondensators in einer Transistorschaltung soll zunächst gezeigt werden.

▲ *Versuch 5.16:* Ein Transistor wird durch einen Widerstand in den leitenden Zustand versetzt. Eine Glühlampe im Kollektor zeigt diesen Zustand an. Zwischen Basis und Emitter schaltet man anschließend einen ungeladenen Kondensator (Bild 5-25).

Beobachtung: Für sehr kurze Zeit (z.B. 0,1 s) ist der Transistor gesperrt.

Die Erklärung dieser Beobachtung ist aufgrund des Spannungsverlaufes am Kondensator möglich. Der ungeladene Kondensator wirkt zunächst wie ein elektrischer Kurzschluß, so daß die Basis mit dem Emitter verbunden wird: Der Transistor sperrt. Der Kondensator wird nun über den Widerstand aufgeladen, so daß an ihm eine Spannung entsteht.

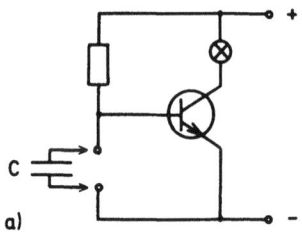 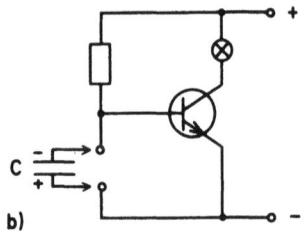

Bild 5-25. a) Durch den ungeladenen Kondensator wird der Transistor für sehr kurze Zeit gesperrt; b) bei geladenem Kondensator ist der Transistor für die Zeit des Entladevorganges nicht leitend.

Der Pluspol der Kondensatorspannung liegt an der Basis, so daß der Transistor wieder leitend wird, wenn etwa eine Spannung von 0,5 V überschritten ist.

Der durchgeführte Versuch wird anschließend mit dem gleichen, nun geladenen, Kondensator wiederholt, wobei der Kondensator „umgekehrt" eingeschaltet wird. Sein Minuspol liegt an der Basis (Bild 5-25b).

Beobachtung: Der Transistor ist für längere Zeit (z.B. für 2 s) gesperrt.

Erklärung: Der geladene Kondensator wirkt wie eine Batterie, deren Minuspol an der Basis des Transistors liegt. Also wird zunächst der Transistor gesperrt. Dieser Zustand bleibt solange am Transistor erhalten, bis sich der Kondensator entladen hat. Erst wenn wieder der Aufladevorgang mit umgekehrter Polarität einsetzt, wird der Transistor bei etwa 0,5 V als Kondensatorspannung leitend. In der graphischen Darstellung von Bild 5-26 bedeutet der obere Teil der Kurve den Entladevorgang des Kondensators. Der Aufladevorgang ist unterhalb der Zeitachse dargestellt, damit die unterschiedliche Polarität am Kondensator erkennbar wird. Der Umschaltzeitpunkt für den Transistor liegt etwa beim Schnittpunkt der Kurve mit der Zeitachse (genauer: bei $-0{,}5$ V). Die Zeit t_H bis zum Umschaltpunkt ist von der Kapazität des Kondensators und vom Wert des Widerstandes abhängig (vgl. 0.2). In erster Näherung gilt $t_H = R \cdot C$. Es sind Umschaltzeiten von 10 s bis zu 0,0001 s ohne besondere Mühe erreichbar.

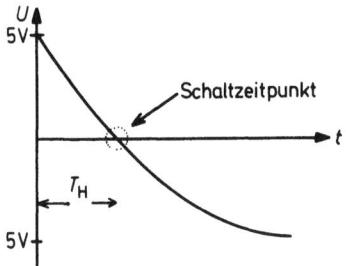

Bild 5-26
Durch das Zeitverhalten des Kondensators beim Umladen wird der Zustand des Transistors bestimmt.

In einem Rechteckgenerator werden nun zwei Transistoren benutzt, die abwechselnd durch Kondensatoren umgeschaltet werden.

▲ *Versuch 5.17:* Nach dem Schaltplan von Bild 5-27 wird eine astabile Kippstufe aufgebaut.

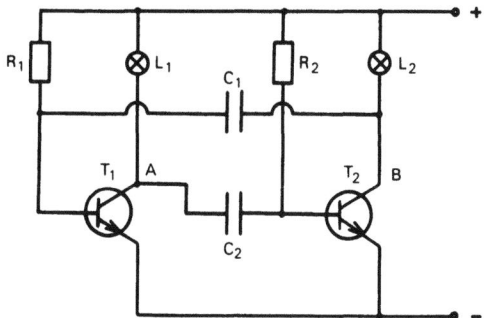

Bild 5-27
Schaltplan einer astabilen Kippstufe.

Man beobachtet, daß die Glühlampen abwechselnd aufblinken. Wird der Zustand des Schaltpunktes A oder B mit einem Spannungsmeßgerät untersucht, beobachtet man einen periodischen Wechsel der Zustände O und L.

Die Erklärung der Arbeitsweise der Schaltung stützt sich wesentlich auf die Erklärung von Versuch 5.16. Ist nämlich T_1 leitend, bilden die Bauteile R_2, C_2, T_2 und L_2 genau den Versuchsaufbau von Versuch 5.16. Ist umgekehrt T_2 leitend, so findet man den gleichen Aufbau durch die Teile R_1, C_1, T_1 und L_1 wieder.

Erklärung der Arbeitsweise: Ausgangspunkt sei der Zustand, daß T_1 sperrt und T_2 leitet. Der Kondensator C_2 ist so aufgeladen (über L_1 und die Basis-Emitter-Strecke von T_2), daß bei A der Pluspol liegt. Nun sei angenommen, T_1 werde leitend. Dadurch liegt C_2 mit seinen Anschlüssen zwischen Basis und Emitter von T_2. Bei der Polarität von C_2 wird T_2 gesperrt, und es setzt der Umladevorgang von C_2 ein, wie es aus dem Versuch 5.16 bekannt ist. Solange T_2 gesperrt bleibt, wird C_1 so geladen, daß der Pluspol bei B liegt. Hat C_2 den Schaltzeitpunkt erreicht, wird T_2 leitend. Dadurch liegt B am Minuspol der Batterie, so daß T_1 durch C_1 gesperrt ist. Nach den gleichen Überlegungen wiederholt sich der eben dargestellte Vorgang von T_1, so daß dieser Transistor etwa nach der Umschaltzeit $t_{H_1} = R_1 \cdot C_1$ leitend wird, womit der Ausgangspunkt der Betrachtung erreicht ist. Die Umschaltzeiten werden ungefähr durch die Zeiten $t_{H_1} = R_1 \cdot C_1$ und $t_{H_2} = R_2 \cdot C_2$ bestimmt. T_1 sperrt für die Zeit t_{H_1}, T_2 sperrt für die Zeit t_{H_2}.

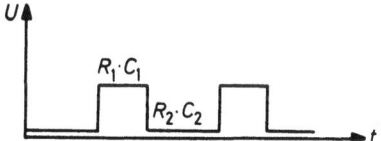

Bild 5-28
Impulsfolge einer astabilen Kippstufe.

Für den Ausgang A der Schaltung ist das Spannungsverhalten im Bild 5-28 dargestellt. Die Kurvenform ist idealisiert. In der Praxis ist die Flankensteilheit noch sehr gering, so daß ein Impulsformer nachgeschaltet werden muß (Bild 5-29).

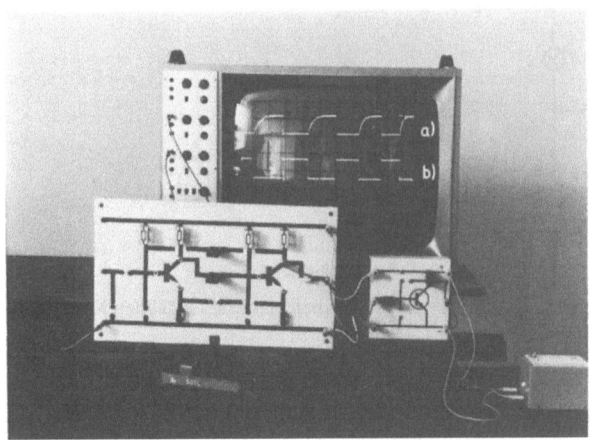

Bild 5-29. Versuchsaufbau zur Untersuchung einer astabilen Kippstufe mit einem Oszillographen: a) Oszillographiert am Schaltpunkt A, b) Rechteckspannung nach der Impulsformung.

5.8. Die monostabile Kippstufe

Eine „Mischung" aus bistabiler und astabiler Kippstufe bildet die **monostabile Kippstufe**, kurz **Monoflop**. Die Schaltung wird zum einen als Impulsformer benutzt, zum anderen zur Verzögerung von Impulsen.

▲ *Versuch 5.18:* Beim Versuchsaufbau nach dem Schaltplan von Bild 5-30 wird der Eingang E für kurze Zeit mit dem Pluspol verbunden. Beobachtet wird das Verhalten der Lampe L_2.

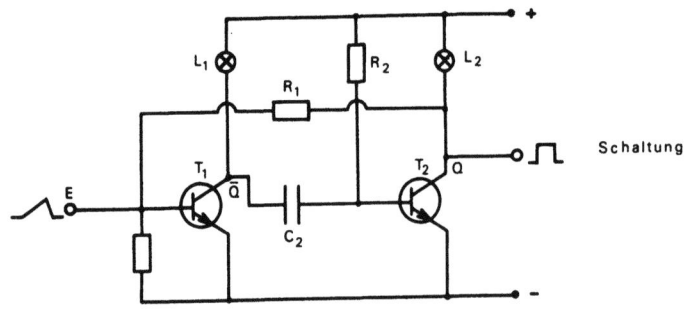

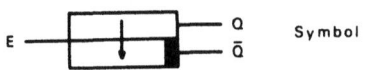

Bild 5-30

Schaltplan und Symbol für eine monostabile Kippstufe.

Beobachtung: Zunächst leuchtet die Lampe L_2 auf. Wird E mit dem Pluspol verbunden, verlischt L_2 und nach einiger Zeit, nachdem die Verbindung vom Pluspol zu E schon längst wieder unterbrochen worden ist, leuchtet L_2 wieder auf.

Erklärung: Die Widerstandswerte der Schaltung sind so gewählt, daß T_1 gesperrt, T_2 leitend sind. Der Kondensator C_2 ist aufgeladen, sein Minuspol liegt an der Basis von T_2. (Es wäre falsch, daraus zu folgern, daß T_2 gesperrt sein müßte, denn der Minuspol liegt gerade deshalb an der rechten Seite des Kondensators, weil die Emitter-Basis-Diode leitend ist, also ist T_2 leitend.)

Gelangt nun ein Impuls beliebiger Form an die Basis von T_1 (z.B. durch kurzes Berühren von E mit dem Pluspol), wird dieser leitend, so daß der Kondensator C_2 mit seinen Anschlüssen zwischen der Basis und dem Emitter von T_2 liegt. Aufgrund seiner Polarität wird der Transistor T_2 gesperrt und bleibt so lange in diesem Zustand, bis sich der Kondensator über R_2 entladen hat. Der Transistor T_1 bleibt während dieser Zeit leitend, auch wenn der Eingangsimpuls bereits vorbei ist, weil die Basis von T_1 über den Widerstand von R_1 mit dem Pluspol der Batterie verbunden ist (T_2 ist ja gesperrt). Erst wenn C_2 mit umgekehrter Polarität aufgeladen wird, geht T_2 in den leitenden Zustand über, und T_1 wird wieder gesperrt. Die Schaltung ist in die Ausgangslage zurückgekippt.

Die Zeitdauer, für die der Ausgang Q der Schaltung den Zustand L annimmt, ist unabhängig von der Impulsform und der Impulsdauer, die am Eingang E auftritt. Das Umkippen wird zeitlich lediglich durch den Entladevorgang von C_2 über R_2 bestimmt. Ist der Eingangsimpuls sehr kurz gegenüber der Zeit $t_{H_2} = R_2 \cdot C_2$, so erscheint eine abfallende Flanke des Eingangsimpulses um die Zeit t_{H_2} verzögert als abfallende Flanke am Ausgang Q (Bild 5-31).

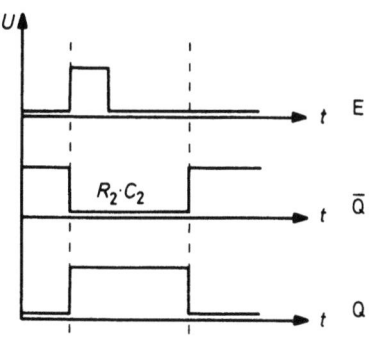

Bild 5-31

Das Spannungsverhalten einer monostabilen Kippstufe.

Ergebnis: Mit einem Monoflop lassen sich Impulsflanken verzögert weiterleiten.

Sowohl bei der astabilen, als auch bei der monostabilen Kippstufe wird die Arbeitsweise der Schaltung durch den Umladevorgang von Kondensatoren bestimmt.

Das Verständnis des Umladevorganges wird vertieft, wenn der folgende Versuchsaufbau untersucht wird.

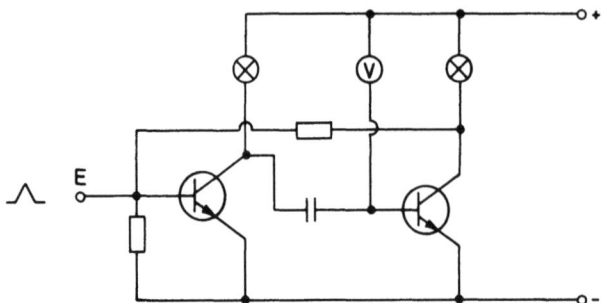

Bild 5-32. Mit einem Spannungsmeßgerät wird der Umladevorgang am Kondensator untersucht.

▲ **Versuch 5.19:** Im Versuchsaufbau von Versuch 5.18 wird der Widerstand R_2 durch ein Spannungsmeßgerät ersetzt. Der Versuchsablauf von Versuch 5.18 wird nun wiederholt (Bild 5-32).

Man beobachtet, daß bei einem Impuls am Eingang E das Spannungsmeßgerät die doppelte Betriebsspannung anzeigt und daß allmählich, wie bei einer Kondensatorentladung, der Zeiger wieder auf die „normale" Betriebsspannung absinkt.

Wie kommt es zu dieser Spannungsverdoppelung? Der Widerstand R_2 ist zunächst durch den Innenwiderstand R_i des Spannungsmessers ersetzt worden. Das Meßgerät zeigt die Spannung an, die zwischen der Basis von T_2 und dem Pluspol liegt. Ohne Eingangsimpuls ist T_2 leitend, so daß das Meßgerät mit dem Pluspol und über die Basis-Emitter-Diode von T_2 mit dem Minuspol verbunden ist. Es zeigt die Betriebsspannung an. Wird nun T_1 durch einen Impuls leitend, so sperrt T_2 und der geladene Kondensator C_2 liegt zwischen dem Meßinstrument und dem Minuspol der Batterie (Bild 5-33b). Der geladene Kondensator wirkt als Batterie, der mit der Betriebsspannung in Serie geschaltet ist. Deshalb addieren sich die Spannungswerte, und es wird zunächst die doppelte Betriebsspannung angezeigt.

Die Spannung fällt langsam gemäß der Kondensatorentladung ab. Ist der Kondensator gerade entladen, so wird T_2 wieder leitend, und das Meßinstrument ist wieder wie zuvor mit dem Pluspol und über T_2 mit dem Minuspol verbunden. Deshalb bleibt die Anzeige bei der Betriebsspannung stehen, der weitere Vorgang des Ladens kann nicht am Kondensator beobachtet werden.

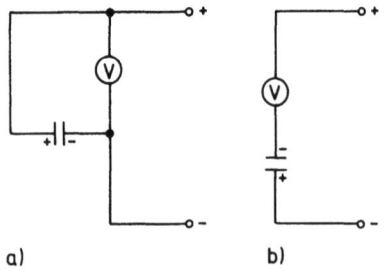

Bild 5-33
a) Das Meßinstrument zeigt die Betriebsspannung an;
b) die Kondensatorspannung und die Betriebsspannung addieren sich zu der angezeigten Gesamtspannung.

5.9. Aufbau eines digital arbeitenden Frequenzmessers

Der letzte Abschnitt dieses Kapitels soll ein Anwendungsbeispiel zeigen, in dem die meisten der besprochenen Digitalbausteine eingesetzt werden. Im Abschnitt 5.6 ist bereits erwähnt worden, wie ein Frequenzmeßgerät arbeiten kann. Um jedoch ein kontinuierlich arbeitendes Meßgerät zu entwickeln, wird der Schaltungsaufwand größer, da nicht nur die elektrischen Impulse gezählt werden müssen, sondern auch das Zeitintervall elektronisch erzeugt werden muß.

Zunächst soll dargestellt werden, wie man elektronisch ein bestimmtes Zeitintervall für den Zählvorgang erzeugen kann. Wählt man als Zeitintervall genau eine Sekunde, so ergibt sich der Vorteil, daß der Zählerstand zahlenmäßig gleich der Frequenz des Frequenzgebers ist. Als Frequenzgeber kann z. B. eine astabile Kippstufe gewählt werden.

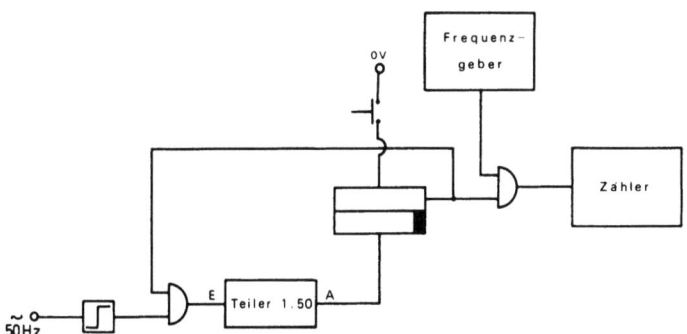

Bild 5-34. Schaltplan für ein einfaches Frequenzmeßgerät.

Bild 5-34 zeigt den Gesamtschaltplan. Der Zähler, der Frequenzgeber und das Flipflop mit dem UND-Baustein sind bereits aus dem Abschnitt 5.6 bekannt. Die Impulse des Frequenzgebers werden dann gezählt, wenn das Flipflop durch die Taste gesetzt wird. Das Zeitintervall von einer Sekunde wird aus der Netzfrequenz gewonnen, die zunächst über einen Impulsformer in eine Rechteckspannung umgeformt wird. Ist das Flipflop gesetzt, so gelangen die Impulse der Netzspannung über den UND-Baustein auf einen Teiler durch 50 (Bild 5-35). Ein Teiler arbeitet bekanntlich wie ein Dualzähler. Nach genau 50 „Netzimpulsen", also einer Zeit von einer Sekunde, entsteht am Schaltpunkt A des NAND-Bausteines (Bild 5-35) zum ersten Mal der Zustand O, der zum Stoppen des Zählers benutzt wird. Da vom NAND-Baustein das Flipflop zurückgesetzt wird, liegt bei beiden UND-Bausteinen an einem der Eingänge der Zustand O: Der Zähler stoppt, und auch die Netzimpulse gelangen nicht mehr auf den Teiler. Am Zähler kann nun die Anzahl der Impulse des Frequenzgebers in einer Sekunde abgelesen werden.

Eine erneute Frequenzmessung ist allerdings erst dann möglich, wenn sowohl der Zähler, als auch der Teiler zurückgesetzt werden. Das beschriebene Frequenzmeßgerät ist noch sehr einfach. Es mißt nicht kontinuierlich, da nach jeder Messung „per Hand" gestartet werden muß. Die Schwierigkeit bei einem kontinuierlichen Meßverfahren besteht darin,

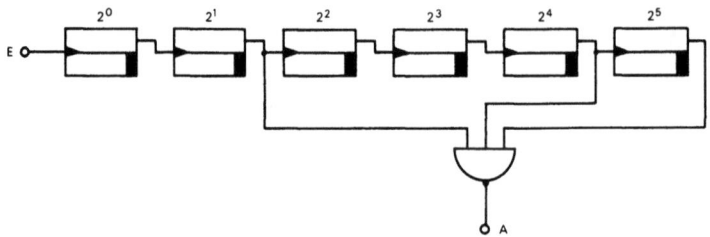

Bild 5-35. Nach einer Sekunde entsteht am Ausgang A der Zustand 0.

daß nach dem Stop vom Zähler und vom Teiler noch ein Impuls zum Rücksetzen und zum erneuten Starten gewonnen werden muß. Das Problem kann mit einem Monoflop gelöst werden.

Ein kontinuierlich arbeitendes Frequenzmeßgerät kann nach folgendem Prinzip erstellt werden: Die Impulse des Frequenzgebers werden eine Sekunde lang gezählt, anschließend wird der Zählerstand in einen elektronischen „Speicher" gegeben und zur Anzeige gebracht. Dann setzt ein neuer Zählvorgang ein. Während des Zählens bleibt der Speicherinhalt erhalten und wird erst nach einer Sekunde durch den neuen Zählerstand korrigiert. Der „Zeitplan" für die Schaltung läßt sich in fünf Schritten angeben:

1. Start des Zählers und Teilers durch 50,
2. nach einer Sekunde Stop des Zählers und Teilers,
3. Übernahme des Zählerstandes in den Speicher,
4. Rücksetzen von Zähler und Teiler,
5. neuer Start.

Der Speicher besteht aus einer Flipflop-Anordnung (Bild 5-36), die so geschaltet ist, daß bei einem Taktimpuls der Zustand eines jeden Flipflops im Zähler von einem Flipflop im Speicher übernommen wird. Bild 5-36 zeigt die Anordnung für zwei Flipflops. Aufgrund der Vorbereitung der Eingänge der „Speicherflipflops" übernimmt jedes Flipflop den Zustand von seinem darüber liegenden „Zählerflipflop", wenn eine abfallende Flanke bei T auftritt.

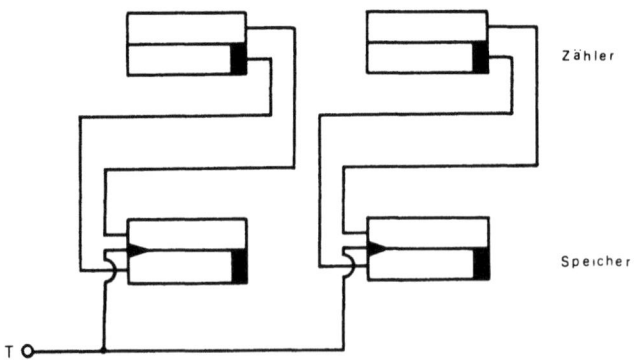

Bild 5-36. Der Speicher übernimmt den Zählerstand bei einem Taktsignal.

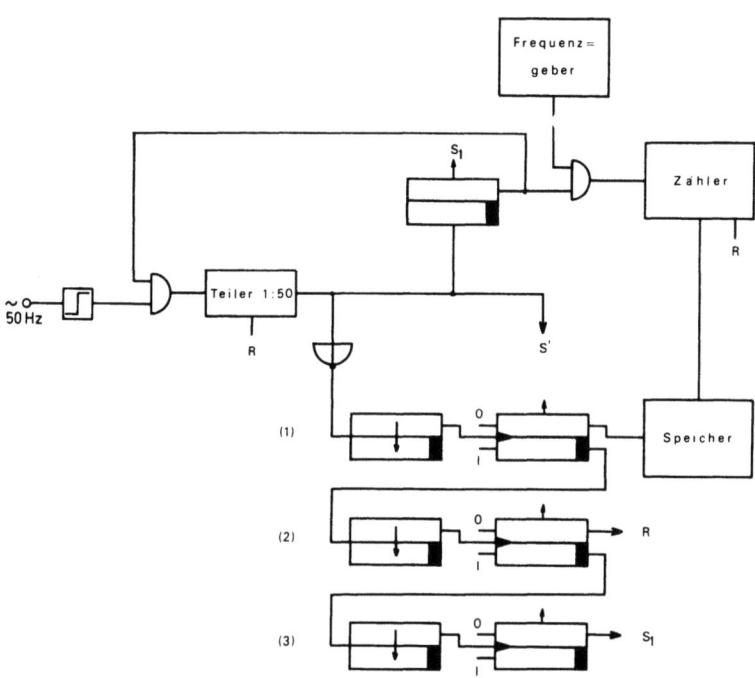

Bild 5-37. Gesamtschaltbild für ein kontinuierlich arbeitendes Frequenzmeßgerät.

Der Gesamtschaltplan für einen kontinuierlich arbeitenden Frequenzmesser ist im Bild 5-37 dargestellt. Zunächst sind die Bausteine des einfachen Frequenzmessers wieder aufgenommen worden. Der Übernahmeimpuls für den Speicher wird aus einer Kombination aus einem Monoflop und einem Flipflop gewonnen (1). Das Flipflop ist gesetzt und zur Übernahme des Zustandes O für Q und L für $\bar{Q}$ vorbereitet. Geht nun der Ausgang des Teilers auf O (Stop des Zählers), so erscheint der Zustand L am Monoflop. Das Monoflop erzeugt einen Impuls, dessen abfallende Flanke das nachgeschaltete Flipflop ansteuert. Der Q-Ausgang dieses Flipflops geht von L auf O, so daß bei dieser abfallenden Flanke der Speicher das Ergebnis des Zählers übernimmt. Der $\bar{Q}$-Ausgang geht von dem Zustand O in den Zustand L, wobei die zweite Monoflop-Flipflop-Kombination angesteuert wird (2), so daß wiederum zeitverzögert der Rücksetzimpuls R für den Zähler und den Teiler entsteht. Schließlich erzeugt die Kombination 3 den Setzimpuls S_1 für den erneuten Start. Die drei dem Monoflop nachgeschalteten Flipflops werden vom Teiler nach einer Sekunde gesetzt (S), damit der ursprüngliche Zustand wieder hergestellt ist.

Das Beispiel zeigt deutlich, wie man aus elektronischen Bausteinen eine Schaltung entwickeln kann. Beim Aufbau einer solchen Schaltung ist das „Denken in Bausteinen" unumgänglich. Der Leser kann sich sicher leicht vorstellen, zu welchem „Wirrwarr" ein Schaltplan führen würde, wenn statt der Bausteine die einzelnen Transistorschaltungen eingesetzt und benutzt worden wären.

6. Der Transistor als Verstärker

6.1. Die Stromsteuerkennlinie eines Transistors

Der Transistor als Schalter stellt eine besonders einfache Betrachtungsweise der Erscheinung am Transistor dar. Zahlreiche Anwendungsbeispiel für den Transistor (z. B. in der Rundfunk- und Fersehtechnik) sind allein auf die kontinuierliche Veränderbarkeit der Leitfähigkeit der Emitter-Kollektor-Strecke zurückzuführen.

▲ *Versuch 6.1:* Der Basis- und Kollektorstrom einer Transistorschaltung (Bild 6-1) werden gemessen. Mit einem Regelwiderstand werden verschiedene Basisströme eingestellt.

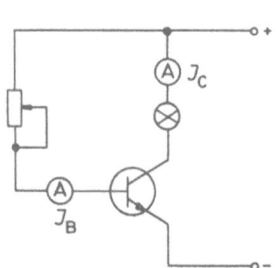
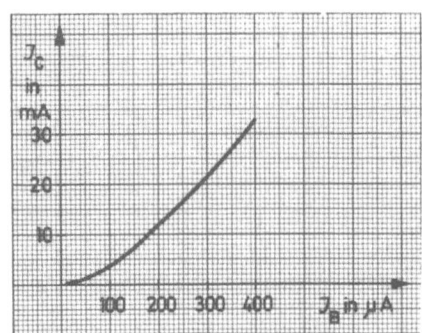

Bild 6-1. Eine Änderung der Basisstromstärke bewirkt eine Änderung der Kollektorstromstärke.

Bild 6-2. In einem großen Bereich nimmt die Kollektorstromstärke linear mit der Stärke des Basisstroms zu.

Beobachtung: Wird durch den Regelwiderstand die Basisstromstärke verändert, so ändert sich auch die Kollektorstromstärke.

Am Verhalten der beiden Meßinstrumente erkennt man: je größer die Basisstromstärke I_B, desto größer die Kollektorstromstärke I_C. Eine genaue Aussage über die Abhängigkeit von I_C und I_B ergibt sich aus einer Meßreihe:

I_B in µA	0	100	150	200	250	300	350	400
I_C in mA	0	3,8	8,0	13,0	17,5	23,0	28,5	33,0

Aus der graphischen Darstellung (Bild 6-2) geht hervor, daß annähernd ein linearer Zusammenhang zwischen der Basisstromstärke I_B und der Kollektorstromstärke I_C besteht. Jedem Wert für die Basisstromstärke läßt sich ein Wert der Kollektorstromstärke zuordnen. Man sagt; der Basisstrom steuert den Kollektorstrom, und spricht von der **Strom-Steuer-Kennlinie**.

Ergebnis: Mit einem schwachen Basisstrom läßt sich ein starker Kollektorstrom steuern.

Anhand der Stromsteuerkennlinie läßt sich die „Verstärkerwirkung" eines Transistors erläutern. Es sei angenommen, die Basisstromstärke ändere sich von 200 µA auf 300 µA. Die zugehörige Kollektorstromstärke findet man aus dem Diagramm zu 13 mA und 23 mA. Eine Änderung der Basisstromstärke ΔI_B = 100 µA bewirkt also eine Änderung der Kollektorstromstärke von ΔI_C = 10 mA. Die Änderung der Stromstärke im Basiskreis tritt daher verstärkt um den Faktor 100 im Kollektorstromkreis wieder auf. Allgemein bezeichnet man den Quotienten $\frac{\Delta I_C}{\Delta I_B}$ als Stromverstärkung und benutzt den Buchstaben „β" zur Abkürzung.

Ergebnis: Die Stromverstärkung eines Transistors beträgt β = 100.

Die Verstärkerwirkung des Transistors wird in vielen Geräten, den Verstärkern, ausgenutzt. Der folgende Versuch zeigt in einfacher Weise diese Wirkung.

▲ *Versuch 6.2:* In dem Versuchsaufbau von Versuch 6.1 werden die Meßinstrumente durch ein Kohlemikrofon und durch einen Lautsprecher ersetzt. Im Basiskreis liegt das Kohlemikrofon, der Lautsprecher wird in den Kollektorkreis geschaltet.

Wird in das Mikrofon gesprochen, so sind die Worte laut und deutlich im Lautsprecher zu hören. Wird dagegen das Mikrofon ohne einen Transistor an den Lautsprecher angeschlossen, ist nichts zu hören (Bild 6-3).

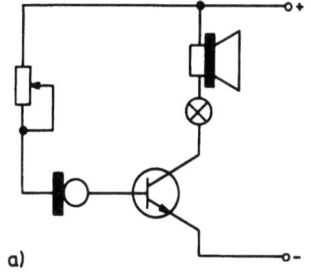
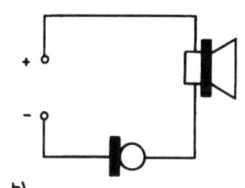

Bild 6-3
a) Schaltplan für einen einfachen Mikrofonverstärker;
b) ohne einen Transistor hört man im Lautsprecher nichts.

Da das Kohlemikrofon bei Schalleinwirkung seinen Widerstand ändert, bewirkt die Sprache in dem Basisstromkreis eine Stromstärkeschwankung. Diese Änderung tritt mit dem Faktor 100 verstärkt im Kollektorstromkreis auf, so daß die Stromstärkeänderung ausreicht, um den Lautsprecher zu betreiben.

Für den Verstärkerbetrieb ist es wichtig, daß die Stromverstärkung bei jeder Basisstromstärke möglichst konstant ist. Dies wird immer dann erreicht, wenn die Stromsteuerkennlinien genau linear verlaufen. Wie die Messung zeigt, gilt die Linearität nicht für kleine Basisstromstärken. Anhand der Meßkurve ergibt sich für ΔI_B = 100 µA zwischen 0 µA und 100 µA lediglich eine Kollektorstromstärkenänderung von 3 mA. Daraus ergibt sich in diesem Bereich eine Stromverstärkung von $\beta = \frac{3\,mA}{0{,}1\,mA}$ = 30. Diese Abweichung im Verstärkungsfaktor bewirkt „Verzerrungen" bei der Verstärkung.

Es sei angenommen, die Basisstromstärke ändere sich sinusförmig um den Wert von I_{B_0} = 300 µA mit einer Amplitude von 100 µA. In der Darstellung von Bild 6-4 ist der

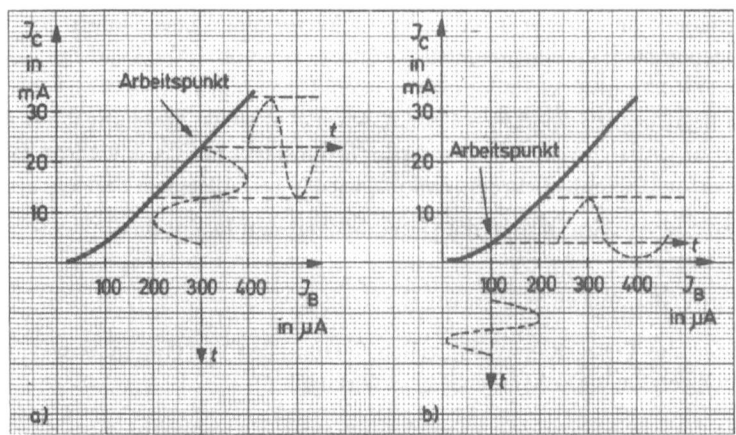

Bild 6-4. Verstärkung eines sinusförmigen Wechselstromes: a) verzerrungsfrei, b) mit Verzerrung.

Verlauf unterhalb der I_B-Achse eingetragen, wobei eine zusätzliche Zeitachse senkrecht nach unten eingetragen ist. Der verstärkte Wechselstrom ist wiederum eine Sinuskurve, da in dem gewählten Bereich die Verstärkung konstant ist (Bild 6-4a). Wird dagegen eine Änderung um den Wert von 100 µA (Bild 6-4b) mit gleicher Amplitude untersucht, so wird die eine Halbwelle im Mittel um den Faktor 30 und die andere Halbwelle im Mittel um den Faktor 100 verstärkt. Dadurch hat die Änderung der Kollektorstromstärke keinen sinusförmigen Verlauf mehr. Die Verstärkung verzerrt den sinusförmigen Wechselstrom.

Welche Basisstromstärke I_{B_0} zunächst fest eingestellt ist, wird durch die Stellung des Regelwiderstandes im Versuch 6.2 bestimmt. Wird ein Ruhestrom I_{B_0} = 300 µA eingestellt, ist die Wiedergabe im Lautsprecher klar und deutlich. Arbeitet die Schaltung dagegen bei einem Ruhestrom I_{B_0} = 100 µA, so wird die Lautsprecherwiedergabe undeutlich, d.h. verzerrt.

Für die Verstärkung ist es daher wichtig, welcher Ruhestrom I_{B_0} fließt, bevor eine Verstärkung vorgenommen wird. Es muß auf der Stromsteuerkennlinie ein bestimmter Punkt als **Arbeitspunkt** der Schaltung eingestellt werden.

Ergebnis: Bei richtiger Wahl des Arbeitspunktes verstärkt ein Transistor verzerrungsfrei.

6.2. Beschreibung eines Transistors durch seine Kennlinien

Neben der Strom-Steuerkennlinie werden zur Beschreibung eines Transistors weitere Kennlinien angegeben. Man könnte z.B. untersuchen, wie sich der Kollektorstrom I_C ändert, wenn die Spannung U_{BE} zwischen Basis und Emitter verändert wird.

Häufig braucht man eine Kennlinie nicht durch neue Messungen zu gewinnen. Sie läßt sich auch aus bereits bekannten entwickeln. Kennt man nämlich den Zusammenhang zwischen der Basis-Emitter-Spannung U_{BE} und dem Basisstrom I_B, kann über die Strom-Steuerkennlinie auf die Abhängigkeit des Kollektorstroms I_C von der Spannung U_{BE}

ohne eine Messung geschlossen werden. Deshalb beschränkt man sich bei der experimentellen Untersuchung in der Regel auf die wenigen bedeutsamen Kennlinien, dazu gehört das **Ausgangskennlinienfeld**.

▲ *Versuch 6.3:* Mit einem Regelwiderstand wird ein konstanter Basisstrom eingestellt. Der Kollektorstrom I_C wird in Abhängigkeit von der Kollektor-Emitter-Spannung U_{CE} gemessen (Bild 6-5 und 6-6).

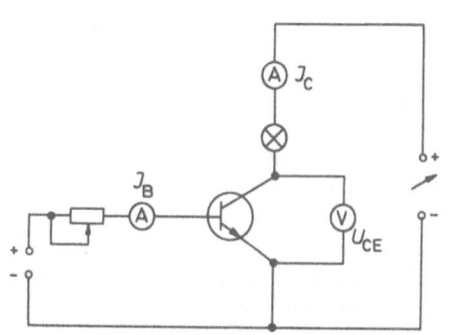
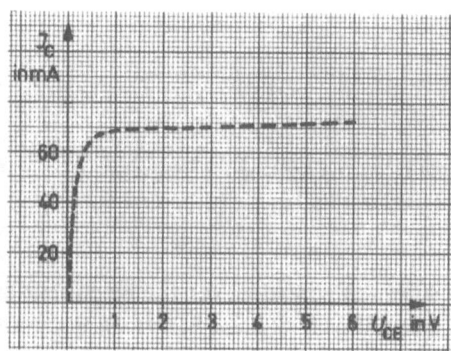

Bild 6-5. Schaltplan zur Aufnahme des Ausgangskennlinienfeldes.

Bild 6-6. Der Kollektorstrom in Abhängigkeit von der Kollektor-Emitter-Spannung.

Bei einem Basisstrom I_B = 600 µA ergibt sich die folgende Meßreihe:

U_{CE} in V	0	0,5	1,0	2,0	3,0	4,0	5,0	6,0
I_C in mA	0	65	68	69	70	71	72	73

Aus der graphischen Darstellung erkennt man, daß der Kollektorstrom im Bereich kleiner Spannungen stark, im Bereich höherer Spannungen weniger, aber dafür linear zunimmt. Wiederholt man die Messungen bei verschiedenen Basisstromstärken, ergibt sich jedesmal ein ähnlicher Verlauf. Je größer I_B, desto „höher" liegt die Meßkurve. Bild 6-7 zeigt verschiedene Meßkurven mit I_B als Parameter. Man nennt diese Kennliniendarstellung das Ausgangskennlinienfeld.

Aus dem Ausgangskennlinienfeld kann man bequem die Stromverstärkung des Transistors für verschiedene Kollektor-Emitter-Spannungen ablesen. Im Bild 6-7 ist das Ableseverfahren für U_{CE} = 4,0 V für die Basisstromstärke I_{B_1} = 400 µA und I_{B_2} = 600 µA eingetragen. Auf der I_C-Achse ergibt sich ein Wert ΔI_C = 24 mA. Die Stromverstärkung beträgt deshalb 120.

Neben dem punktweisen Ausmessen des Kennlinienfeldes läßt sich auch oszillographisch arbeiten. Im Bild 6-8 ist der Schaltplan wiedergegeben. Über die Diode wird eine Halbwelle der Wechselspannung an den Transistor gelegt, so daß sich die Emitter-Kollektor-

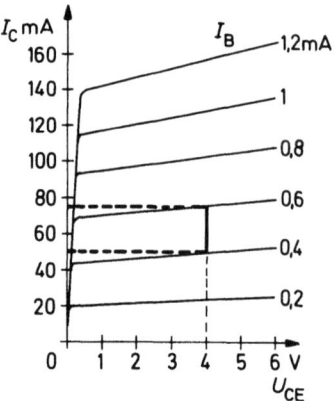
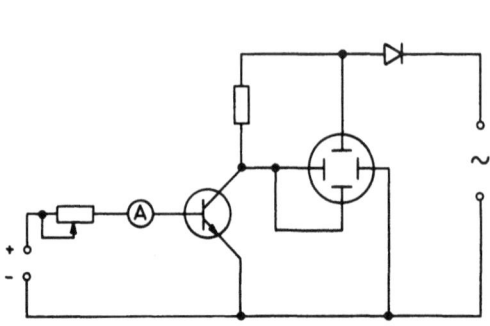

Bild 6-7. Das Ausgangskennlinienfeld eines Transistors.

Bild 6-8. Schaltplan zur oszillographischen Aufnahme des Ausgangskennlinienfeldes.

Spannung periodisch von 0 V bis zur maximalen Spannung ändert. Über dem Widerstand im Kollektor wird eine Spannung abgegriffen, die direkt proportional zum Kollektorstrom ist. Auf dem Oszillographenschirm erscheint eine Kennlinie des Ausgangskennlinienfeldes. Werden nun verschiedene Basisstromstärken mit dem Regelwiderstand in der Basiszuleitung eingestellt, kann das gesamte Kennlinienfeld gezeigt werden.

In vielen Versuchen wird der Transistor als Verstärker benutzt. Bei dieser Betriebsart wird zwischen die Basis und den Emitter eine Wechselspannung gelegt, die verstärkt am Ausgang (zwischen Kollektor und Emitter) abgegriffen werden kann. Zur Beschreibung einer Spannungsverstärkung wird noch die Abhängigkeit der Basisstromstärke von der Basis-Emitter-Spannung benötigt. Diese Abhängigkeit wird in der dritten Kennliniendarstellung wiedergegeben.

▲ *Versuch 6.4:* Es wird die Basisstromstärke I_B in Abhängigkeit von der Emitter-Basis-Spannung U_{BE} gemessen. Die Kollektor-Emitter-Spannung bleibt während der Messung konstant.

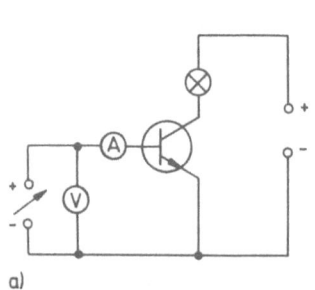

Bild 6-9. a) Schaltplan zur Aufnahme der Kennlinie für I_B in Abhängigkeit von U_{BE}; b) Graphische Darstellung der Kennlinie.

Die Meßergebnisse sind in der folgenden Meßreihe wiedergegeben, den graphischen Verlauf zeigt Bild 6-9b).

U_{BE} in V	0,0	0,10	0,15	0,20	0,25	0,30
I_B in µA	0,0	10	70	135	280	400

Die **Eingangskennlinie** des Transistors, I_B in Abhängigkeit von U_{BE}, wird wesentlich durch die Emitter-Basis-Diode bestimmt, die bei der Untersuchung in Durchlaßrichtung geschaltet ist.

Zur praktischen Arbeit mit den Kennlinien eines Transistors ist es üblich, die drei untersuchten Kennlinien-Darstellungen in einem Gesamtbild (Bild 6-10) zusammenzufassen.

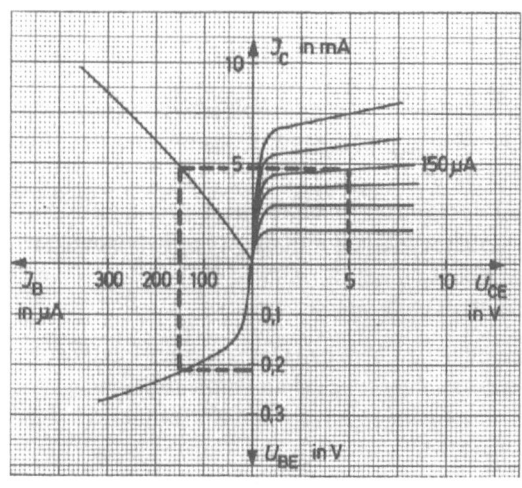

Bild 6-10
Durch das Zusammenzeichnen der drei Kennliniendarstellungen ergibt sich ein Arbeitsdiagramm für einen Transistor.

Im ersten Quadranten liegt das Ausgangskennlinienfeld, in dem zweiten Quadranten ist die Strom-Steuerkennlinie für eine Kollektor-Emitterspannung von 5 V eingetragen und im dritten Quadranten befindet sich die Eingangskennlinie. Aus dieser Darstellung lassen sich Strom- und Spannungswerte für eine Transistorschaltung gewinnen: Bei einer Basis-Emitterspannung von 0,21 V ergibt sich ein Basisstrom von 150 µA, dazu gehört ein Kollektorstrom von fast 5 mA, aus dem sich schließlich eine Spannung zwischen Emitter und Kollektor von 5 V ergibt.

Der nächste Abschnitt soll zeigen, wie man anhand der gefundenen Kennlinien eine Transistorschaltung aufbauen und die externen Bauelemente in ihrer Größe bestimmen kann.

6.3. Entwicklung eines Transistorverstärkers

Jeder Transistor ist in seinem elektrischen Verhalten durch seine Kennlinien bestimmt. Soll ein Transistorverstärker entwickelt werden, so besteht die Aufgabe darin, die externen Bauelemente in ihrer Größe so zu bestimmen, daß die Schaltung einwandfrei arbeitet.

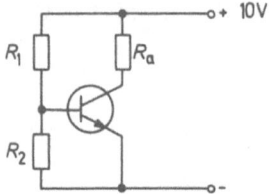

Bild 6-11. Prinzipschaltbild eines Transistorverstärkers.

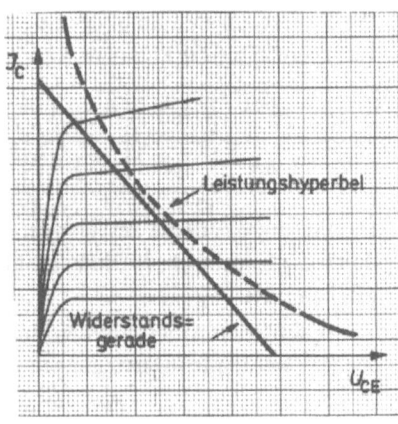

Bild 6-12. Das Ausgangskennlinienfeld mit eingetragener Widerstandsgeraden und Leistungshyperbel.

Bild 6-11 zeigt einen Transistorverstärker. In diesem Abschnitt soll gezeigt werden, wie man anhand der Transistorkennlinien eine Dimensionierung (d.h. Bestimmung der Widerstandswerte) vornehmen kann.

Der Widerstand R_a (Bild 6-11) bildet mit der Emitter-Kollektorstrecke einen Spannungsteiler. Da die Leitfähigkeit dieser Transistorstrecke von der Basis gesteuert werden kann, entsteht zwischen dem Emitter und dem Kollektor eine Spannung, die von der Größe der Spannung zwischen dem Emitter und der Basis abhängig ist.

Der Widerstand R_a macht jedoch eine zusätzliche Überlegung im Ausgangskennlinienfeld erforderlich. Denn bei der Aufnahme dieser Kennlinie wurde die Betriebsspannung verändert, die bis auf das eingeschaltete Stromstärkemeßgerät für den Kollektorstrom gleich der Spannung U_{CE} war. In dem vorliegenden Fall ist die Betriebsspannung jedoch konstant. Die Spannung zwischen dem Emitter und dem Kollektor ändert sich immer dann, wenn der Kollektorstrom sich ändert, weil dann ein unterschiedlicher Spannungsabfall an dem Widerstand R_a entsteht. Um dieses „dynamische" Verhalten zu berücksichtigen, wird in das Ausgangskennlinienfeld die Widerstandsgerade für den Widerstand R_a eingetragen (Bild 6-12).

Die Lage der Widerstandsgeraden soll in einem kleinen Versuch geklärt werden. Für die Emitter-Kollektor-Strecke wird ersatzweise ein regelbarer Widerstand R_T benutzt.

▲ *Versuch 6.5:* Bei einem Spannungsteiler wird die Spannung über dem Widerstand R_T und die Stromstärke gemessen. Die Meßergebnisse werden in ein Diagramm eingetragen (Bild 6-13).

Die Meßergebnisse sehen wie folgt aus:

U in V	0	1	2	3	4	5
I in mA	200	190	180	170	160	150

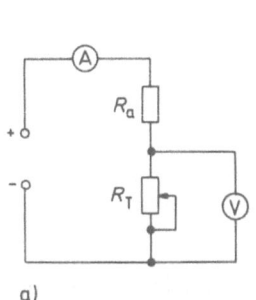
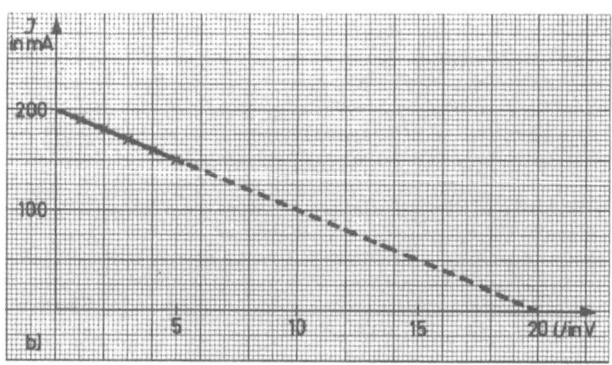

Bild 6-13. a) Versuchsaufbau zur Darstellung der Widerstandsgeraden; b) Meßdiagramm.

Aus dem Diagramm erkennt man eine „fallende" Gerade, die Widerstandsgerade, deren Steigung bis auf das Vorzeichen gerade durch den Widerstand R_a bestimmt ist. Ein linearer Zusammenhang muß sich aufgrund der ohmschen Widerstände ergeben. Ist der Regelwiderstand auf Null eingestellt, ergibt sich die maximale Stromstärke von 200 mA und ein Spannungsabfall über R_T von 0 V. Würde der Widerstandswert von R_T sehr groß, ergäbe sich eine sehr geringe Stromstärke und am Widerstand R_T würde die gesamte Betriebsspannung abfallen. Deshalb muß die Gerade durch die beiden Punkte (0 V/200 mA) und (20 V/0 A) verlaufen.

Da die gemessene Spannung im Versuch 6.5 der Transistorspannung U_{CE} entspricht, ergibt sich der in Bild 6-12 eingetragene Verlauf für die Widerstandsgerade. Jedes Wertepaar aus Kollektorstromstärke und Kollektor-Emitter-Spannung muß auf dieser Widerstandsgeraden liegen.

Ein weiteres Problem beim praktischen Betrieb eines Transistors muß beachtet werden. Ein Transistor darf nämlich durch zu starke Erwärmung nicht zerstört werden. Für jeden Transistor wird vom Hersteller deshalb die maximal zulässige Leistung angegeben. Da die elektrische Leistung durch das Produkt $U \cdot I$ gegeben ist, ergibt sich im Ausgangskennlinienfeld eine Hyperbel, die im Betrieb des Transistors nicht überschritten werden darf (Bild 6-12).

Die Bestimmung der Widerstände in dem Schaltplan von Bild 6-11 kann nun anhand der Kennlinien (Bild 6-14) vorgenommen werden. Die Betriebsspannung beträgt 10 V. Es wird ein „Arbeitswiderstand" $R_a = 1\,k\Omega$ gewählt. Dadurch ergibt sich die Widerstandsgerade im Ausgangskennlinienfeld. Um möglichst in einen linearen Bereich der Eingangskennlinie und der Strom-Steuer-Kennlinie zu gelangen, wird der Spannungsteiler an der Basis (R_1 und R_2) so bestimmt, daß eine Basis-Emitter-Spannung $U_{BE} = 0{,}2$ V vorliegt. Wählt man ein Widerstandsverhältnis von 1 : 50, etwa $R_1 = 10\,k\Omega$ und $R_2 = 200\,\Omega$, ist U_{BE} ungefähr 0,2 V. (Der Wert von R_2 darf nicht zu groß gewählt werden, da er sonst gegenüber dem Durchlaßwiderstand der Basis-Emitter-Diode ohne Bedeutung wäre.) Damit sind alle Widerstandswerte bestimmt und die Strom- und Spannungswerte für die Schaltung festgelegt. Der Arbeitspunkt für die Schaltung ist im Bild 6-14 eingetragen.

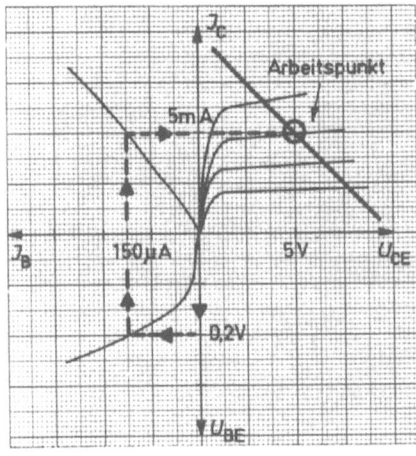

Bild 6-14

Kennliniendarstellung eines Transistors mit eingetragenem Arbeitspunkt.

Für den Verstärkerbetrieb wird eine Wechselspannung $\tilde{U}_{BE}$ an den Eingang des Transistors (also zwischen Basis und Emitter) gelegt. Damit sich die eingestellten Gleichspannungen nicht verändern, wird ein Kondensator eingeschaltet, der gleichspannungsmäßig den Verstärker von der Wechselspannungsquelle trennt. Aus den gleichen Gründen wird auch am Ausgang ein Kondensator benutzt, so daß Wechselspannungen auf den Verstärker gelangen und von ihm „abgenommen" werden können (Bild 6-16). In Bild 6-15 ist die am Ausgang zur Verfügung stehende Wechselspannung $\tilde{U}_{CE}$ aus der Eingangswechselspannung konstruiert worden. Aus dem Verhältnis der Amplituden kann unmittelbar die Spannungsverstärkung errechnet werden.

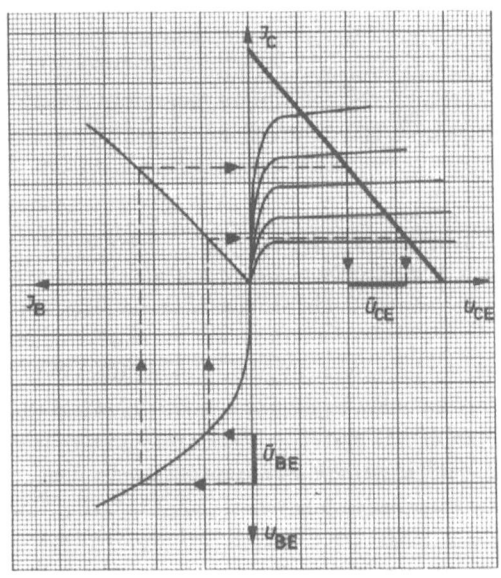

Bild 6-15

Konstruktion der Wechselspannung am Ausgang anhand der Kennlinie bei vorgegebener Wechselspannung am Eingang.

Sollen bei einem Verstärker größere Verstärkerfaktoren erreicht werden, schaltet man mehrere Transistorstufen hintereinander. Dabei muß jedoch beachtet werden, daß jeweils die Eingangsamplitude nicht zu groß wird, damit keine Verzerrungen auftreten.
Es hat sich gezeigt, daß der Transistor als Verstärker wesentlich umfangreichere Überlegungen erfordert, als wenn er lediglich als Schalter betrieben wird. Der Schalterbetrieb läßt sich ebenfalls im Ausgangskennlinienfeld darstellen. Für diesen Fall arbeitet die Schaltung nur auf den beiden im Bild 6-17 gekennzeichneten Punkten. Die Widerstandsgerade wird zwischen diesen beiden Punkten „unendlich" schnell durchlaufen: Der Transistor leitet, bedeutet: I_C ist maximal, der Transistor sperrt, bedeutet: I_C ist Null.

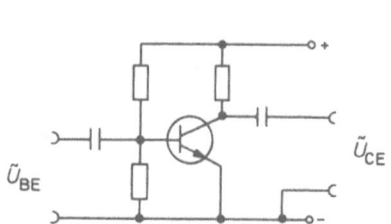

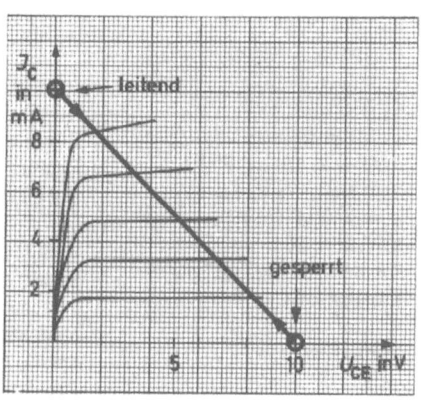

Bild 6-16. Eine praktische Verstärkerschaltung.

Bild 6-17. Der Schalterbetrieb des Transistors, dargestellt im Ausgangskennlinienfeld.

Sachwortverzeichnis

analog 15 f.
Anode 11, 15
Arbeitspunkt 100
Ausgangskennlinienfeld 101
Aussagenlogik 56 ff.

Basis 36
Belegung 52
Brückenschaltung 33 f.

decodieren 74 ff.
de Morgan 57 f.
digital 45 ff.
Diode, Halbleiter- 28 ff.
–, Vakuum- 12 f.

Eingangskennlinie 103
Elektrolyse 9 f.
Elektron 11 f.
Elektronenstrahlröhre 15 f.

Farad 7
Flipflop RS- 72 ff., 79 ff.
–, Master-Slave- 81 ff.
Fotowiderstand 22 f., 42 f.
Frequenzmesser 95 ff.
Frequenzteiler 82 ff.

Gleichrichterschaltung 32 f.
Glühelektrischer Effekt 12
Graetzschaltung 33 f.

Halbaddierer 59 f.
Halbleiter 18 ff.
Halbwertzeit 68 f.
Halleffekt 17 f., 27
Hallspannung 17
Heißleiter 23 f., 44

Impuls 62
Impulsformung 64 ff.
Integrierter Schaltkreis 76
Inverter 49

Kapazität 6
Kathode 9, 11
Kennlinie, Ausgangs- 101
–, Diode 31
–, Eingangs- 103
–, Strom-Steuer- 98 f.
Kippstufe, astabil 89 ff.
–, bistabil 71 ff.
–, monostabil 92 f.
Kollektor 36
Kondensator 4 ff., 67 ff., 89 f.
Kurzzeitmesser 88 f.

Lichtschranke 42
Lücke 19 f.

Master-Slave-Flipflop 81 ff.
Monoflop 92 f.
Multivibrator 89

NAND-Schaltung 51 ff.
NICHT-Schaltung 49
NOR-Schaltung 55 f.

ODER-Schaltung 55 ff.

Paarbildung 19 f.
pn-Übergang 28 f.
Potentiometer 3
prellfrei 87 f.

RC-Schaltung 67 ff., 79
Rechteckimpuls 64
Regenerationsschaltung 50 f.
Rekombination 20
Rücksetzeingang 72

Schalterwirkung 38, 42 f.
Schaltverstärker 44
Setzeingang 72
Spannungsteiler 1 ff.
Speicher 96
Speicherbaustein 71
Strom-Steuer-Kennlinie 98 f.
Stromverstärkung 99

Taktsignal 83
Teilerschaltung 83 f.
Temperaturschalter 44
Tolman-Versuch 13 f.
Transistor 36 ff.
–, Schalter 44
–, Verstärker 98 ff., 103 f.

Umkehrstufe 48 f.
UND-Schaltung 53 f.

Verarmungszone 29 f., 39
Volladdierer 60 f.
Vorbereitungseingänge 79

Widerstandsgerade 104 f.
Widerstandsregler 3

Zähler 84
Zehnerzähler 84 f.
Zenerdiode 62 f.
Ziffernröhre 76 f.

Zur Vertiefung auf dem Gebiet der Halbleiter-Elektronik wird empfohlen

Herbert Pientka

Leitungsvorgänge in Metallen und Halbleitern

kolleg-text, Vieweg Verlag, Braunschweig 1975, Lehrbuch (Best.-Nr. 825), Arbeitsbuch (Best.-Nr. 828)

Physik bei Vieweg

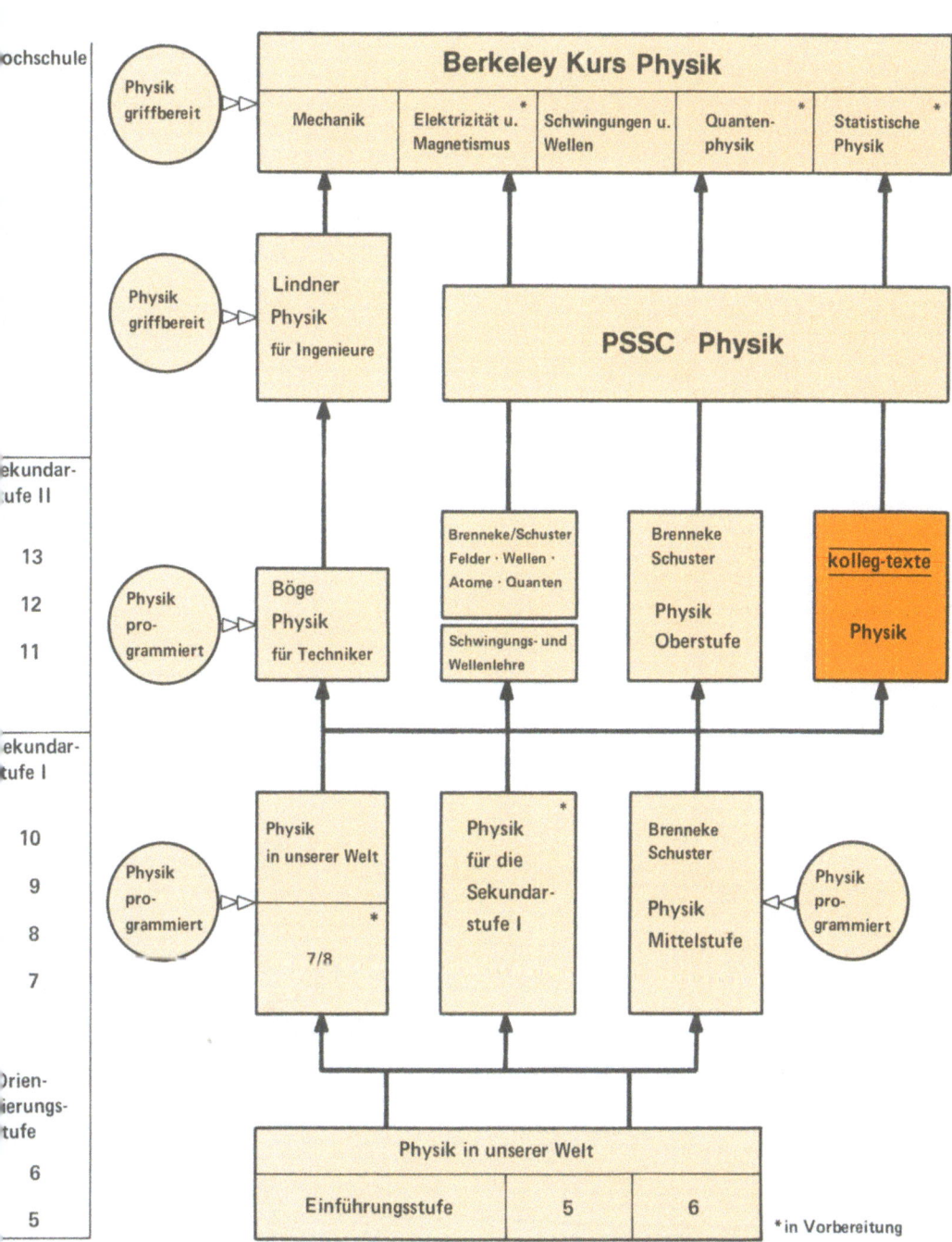

MIX
Papier aus verantwortungsvollen Quellen
Paper from responsible sources
FSC® C105338

If you have any concerns about our products,
you can contact us on
ProductSafety@springernature.com

In case Publisher is established outside the EU,
the EU authorized representative is:
**Springer Nature Customer Service Center GmbH
Europaplatz 3, 69115 Heidelberg, Germany**

Printed by Libri Plureos GmbH
in Hamburg, Germany